U0395908

无人机行业应用 100 例

张 青 鞠京梁 田 婷 编著

苏州大学出版社

图书在版编目(CIP)数据

无人机行业应用 100 例 / 张青，鞠京梁，田婷编著
. —苏州：苏州大学出版社，2021.4（2023.7 重印）
ISBN 978-7-5672-3428-4

Ⅰ.①无… Ⅱ.①张…②鞠…③田 Ⅲ.①无人驾
驶飞机 Ⅳ.①V279

中国版本图书馆 CIP 数据核字（2021）第 053900 号

本书以农业、交通运输、水务水利、公共安全、城市管理、自然资源、能源、环保、应急救援、文体等领域为例，阐述了无人机行业中的 100 个应用实例，希望能给读者更多的启发。

书　　名：无人机行业应用 100 例

编　　著：张　青　鞠京梁　田　婷
责任编辑：周凯婷
装帧设计：刘　俊

出版发行：苏州大学出版社（Soochow University Press）
出 版 人：盛惠良
社　　址：苏州市十梓街 1 号　邮编：215006
印　　刷：广东虎彩云印刷有限公司
网　　址：www.sudapress.com
邮　　箱：sdcbs@suda.edu.cn
邮购热线：0512-67480030
销售热线：0512-67481020

开　　本：787mm×1 092mm　1/16　印张：13.5　字数：264 千
版　　次：2021 年 4 月第 1 版
印　　次：2023 年 7 月第 4 次印刷
书　　号：ISBN 978-7-5672-3428-4
定　　价：65.00 元

//前言//

无人驾驶飞机简称"无人机",英文名称为"Unmanned Aerial Vehicle"(简称UAV),是利用无线电遥控设备和自备的程序控制装置操纵的不载人飞机,或者由车载计算机完全或间歇地自主操作的飞机。

无人机最早出现于20世纪初。1914年,第一次世界大战爆发,英国的卡德尔和皮切尔两位将军,向英国军事航空学会提出了一项建议:研制一种不用人驾驶,而用无线电操纵的小型飞机,使它能够飞到敌方某一目标区上空,将事先装在小飞机上的炸弹投下去。这一大胆的设想立即得到了当时英国军事航空学会理事长戴·亨德森爵士的赏识。

1945年第二次世界大战结束后,美国军方将多余或退役的飞机改装成为靶机或其他特殊装置,成为近代无人机使用趋势的先河。随着电子技术的进步,无人机在担任侦查任务的角色上开始展露它的机动性与重要性。

20世纪60年代,晶体管技术的突破意味着客户首次可以用合理的价格购买小型的无线电控制元件。随之而来的是遥控飞机在美国的流行。这些遥控飞机大多以套件的形式售卖,从室内飞行模型到大型户外飞行模型的所有设备均有。当时出现的飞机模型家庭手工业也是半个世纪后无人机消费行业的雏形。

随后,中国民用无人机市场也逐步打开。20世纪80年代初,西北工业大学D-4固定翼无人机为开展地图测绘和地质勘探工作做了尝试。但是,早期市场需求被军用垄断,惯性组建、控制系统技术不成熟,成本高。1998年,中国南方航空在珠海航展中展出的"翔鸟"无人直升机,其用途就包含森林火警探测和渔场巡逻。21世纪初,部分企业对无人机进行探索,市场开始向民用渗透,出现了低端民用小型无人机。

现如今,无人机早已深入千家万户。近年来,中国民用无人机市场需求规模年增长速度达到50%以上,无人机产品服务应用领域日益增多,这标志着中国民用无人机市场逐渐迈入良性的成长期。

　　面对民用无人机这一正在兴起的市场,相关企业和科研机构也纷纷进驻。随着无人机频谱制定和试航标准等多项规范逐步落地,无人机在低空领域的自主性将大大增强。

　　本书以农业、交通运输、水务水利、公共安全、城市管理、自然资源、能源、环保、应急救援、文体等领域为例,阐述了无人机行业中的100个应用实例,希望能给读者更多的启发。

目录

第一章
无人机农业应用解决方案

> 曾经，一代又一代的农业从业者穿梭在田地中，巡查农作物长势并判断病虫害状况，这种传统监测方式不仅耗时费力，而且在植被密集区域有很大的局限性。通过使用无人机（图1-1），农业从业者可以远程喷洒农药，保护农作物，大幅度地提高了工作效率。

图1-1　多旋翼植保无人机

第一节　无人机在农业生产领域的应用

一、作物病虫害监测

（一）需求分析

农作物病虫害是农业生产中的重要生物灾害，是制约高产、优质、高效农业持续发展的主导因素之一。它不仅造成作物减产，而且大大降低作物产品的品质。要进行作物病虫害的有效防治，就需要建立及时、准确的观测系统。目前，作物病虫害观察、预测技术一般还是沿用传统模式，即在设立预测固定点观察、大面积随机调查的基础上，结合历史发生情况、气象因子预测病虫害发生。这一切仍不能避免费时、费力和效率较低的缺点。

无人机的发展，为更加快捷、准确地监测作物病虫害，并尽可能地适时预警病虫害提供了可能。在准确预测的基础上，不仅可以降低农药喷施量，大大节省农民的农药支出费用，还可以有效降低作物生产的经济损失，对于保障国家粮食安全，减少对生态环境的污染和破坏，产生良好的经济效益和积极的生态效益，具有重大的社会意义。

（二）解决方案

众所周知，相比健康作物，受危害作物具有诸多特点，如植株枯萎、叶片凋谢。反映到微观层次，健康作物与感染病虫害作物具有以下两个区别：一是植物细胞自身的结构，例如叶子、果实等器官的海绵细胞和果肉组织的内部形态结构会对光形成不同程度和方式的反射、散射；二是植物细胞中的化学成分，如叶片、茎秆等部位中的水分、叶绿素，以及其他化学物质等的吸收作用也会成为影响光谱特征的因素。这些区别引起了作物对光谱的不同响应特征，就是作物病虫害遥感监测的光学原理。

具体而言，对健康的作物来说，在 400～740 nm 可见光波段，叶绿素在 480、650、670～680、740 nm 处有吸收峰，类胡萝卜素在 420、425、440、450、470、480 nm 处均有吸收峰，叶黄素在 425、445、475 nm 处有吸收峰。而在 740～1 300 nm 处近红外波段由于健康的叶肉细胞具有反射作用，因此，其反射率急剧升高；作物水分的吸收峰主要集中在 970、1 450、1 944 nm 处。因此，当作物遭受病虫害等胁迫作用时，相应的氮、色素、酶等会发生变化。另外,随着植物的生长、繁殖和衰老,其植株形态的变化,也会影响光谱中某些区域的反射率变化。图 1-2 所示为不同严重度的小麦条锈病小区冠层光谱反射率(不同颜色的曲线)在近红外波段 750~1 050 nm 处的差异。

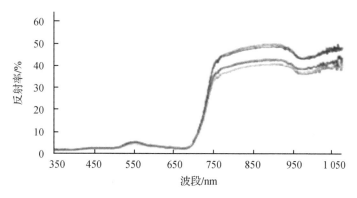

图 1-2　不同严重度下小麦条锈病小区冠层光谱反射率

通过对不同受危害作物的冠层光谱反射率变化规律的研究,验证不同作物受害后光谱信息中的敏感波段或者植被指数,可以监测这些作物的生理指标变化,进而判定作物的受胁迫情况、生长状况及产量情况,而通过病虫害与光谱信息的相关性可以进行大面积定量反演建模。

(三)应用案例

苏州市农科院通过大疆无人机 M100 搭载 Parrot Sequoia 多光谱相机,利用 Pix4D Mapper(一款无人机数据和航空影像数据处理软件)与 ENVI(The Environment for Visualizing Images,意为完整的遥感图像处理平台)软件提取归一化差值植被指数、差值植被指数、比值植被指数,结合近红外波段、红边波段,建立稻飞虱虫量与无人机影像波段、植被指数间的关系(图 1-3),发现稻飞虱虫量与 5 个参数均呈现出较好的线性或对数关系,其中红边波段和归一化植被指数的决定系数较高,这说明该地区水稻的红边波段和归一化植被指数对稻飞虱虫量的响应程度最高。

浙江大学陈欣欣以浙江省农科院培育的油菜为研究对象,利用自主研发无人机搭载 GaiaField 便携式高光谱成像仪和热红外成像仪的无人机模拟平台,分别从冠层尺度和叶片尺度对健康及染病的油菜样本实现了判别分析。在实验获取的油菜高光谱信息基础上,基于全波段、特征波段及植被指数等建立油菜菌核病的判别模型;同时,利用热红外成像仪获取油菜的热红外图像,提取冠层和叶片的温度值,同时采集油菜的生理指数,基于温度信息和生理指数对油菜菌核病进行早期的识别分析。结果表明,油菜患病最大温差在第 1 天就出现了显著性差异($P < 0.01$),对叶片尺度的油菜菌核病有较好

的检测效果。①

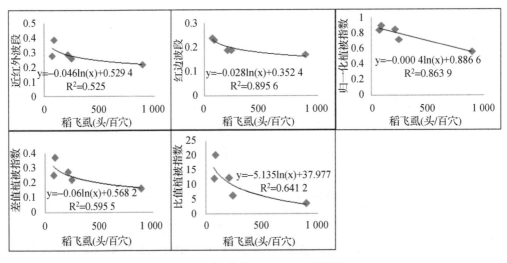

图1-3　水稻各指数与稻飞虱虫量的关系

二、有害生物防控

（一）需求分析

中国作为农业大国，拥有 1 200 000 km² 基本农田，病虫草鼠害年均发生面积约达 4 666 666 km²/次以上，造成粮食直接损失达 1 200 000 t，因此，每年需要大量的农业植保作业。与此矛盾的是，植保作业现状是投入的劳力多、劳动强度大，此外，因人工喷洒农药中毒事件时有发生。据统计，国内 70% 的植保作业还采用落后的人工施药方式，每年农药中毒人数达 100 000 人，致死率约为 20%。②

近年来，小型农用无人机因其适用地形广、适用作物多、使用安全的优势而迅速崛起。第一，农用无人机速度快、作业灵活、效率高，无须专门的起降机场，可适应大田、水田、丘陵山地等多种环境。第二，国内外的实践均表明，农用无人机植保作业对象几乎覆盖了全部农作物，包括水稻、玉米和小麦等主要粮食作物（图1-4），瓜果蔬菜如葡萄、柑橘、茄子、小白菜和各种经济作物如棉花、花生、油葵、油菜、巴旦木、茶叶（图1-5）等，并且获得了理想的防治效果和防治经验。第三，在无人机航空植保作业过程中，农用无人机采用低容量喷雾方式，效率高于常规施药方式，实验数据证明可以节

---

①　陈欣欣.基于低空遥感成像技术的油菜菌核病检测研究［D］.杭州:浙江大学硕士学位论文,2017.
②　苏瑞东.无人机在现代农业中的应用综述［J］.江苏农业科学,2019（21）:76.

约50%的农药使用量、90%的用水量。另外，无人机应用于植保，不伤作物，减轻对土壤的重复碾压，其优越性是地面机械无法比拟的。

图1-4　植保无人机对水稻作业　　　　　　图1-5　植保无人机对茶叶作业

在国内，未来的植保领域，变革传统的施药方式，改由农用无人机进行植保作业，这具有巨大的发展潜力和应用前景。同时，无人机在植保其他方面也逐渐显现出独特的优势和作用，例如飞播（水稻等农作物、树木和草种）、施肥（颗粒肥、叶面肥、植物生长调节剂）等（图1-6）。

图1-6　植保无人机飞播、施肥

（二）解决方案

农业无人机执行植保作业，即利用无人机平台搭载施药装置，按预设好的农业导航系统获取作物遥感信息和定量定点精准施药，实现对农作物的远程处理调控。

植保无人机有固定翼、直升机和旋翼几种，按照动力又分电动和油动两种，目前用得较多的是无人直升机和旋翼无人机。旋翼无人机单次能够承载的药剂总量大多在15 kg左右，能够实现6～12 h的持续性农药喷洒作业，满足不同植物对于农药的喷洒需求。多旋翼无人机，一般情况下载药总量约为10 kg，单架次作业时长大多在25～30 min。实施作业时可根据撒药量和时长选择无人机种类。

运用植保无人机执行作业流程包括确定植保任务及勘察地形、确定队伍成员及备飞飞手、准备物资、实施作业、标记记录以便复查。

2017年6月28日,苏州嗨森无人机科技有限公司发布了农业植保无人机数据管理系统"植保小黑侠"。将植保无人机装上"植保小黑盒"后,即具备相应的数据链功能。在执行植保作业的过程中,无人机可实时回传喷洒控制、作业面积和作业轨迹数据,同时回传作物种类、农药、地域等数据。植保小黑侠系统能够在大数据管理平台中进行精确分析和海量数据处理,让最终用户、飞手、植保服务、植保联盟及植保服务管理者通过手机、电脑等多终端自主、实时获取、掌控所需的植保数据信息,并为实现精准农业提供数据。

2017年12月,大疆推出了农业服务平台,针对植保作业中的记录繁杂、协同难、统计难的困境,提供了一站式、多维度的农业植保管理工具。平台具有任务管理模块、飞行记录模块与订单服务多维度查询模块等(图1-7)。任务管理模块可迅速完成工作协调与任务分配,通过PCGSPro完成建图规划的任务,并可直接发送到植保机遥控器开展作业。作业地块信息支持重复调用,多次作业时可直接调用团队分享地块信息。飞行记录模块,可根据数据记录生成精确图表,查阅作业概况。多维度查询模块,可迅速按飞手与无人机查看作业情况。

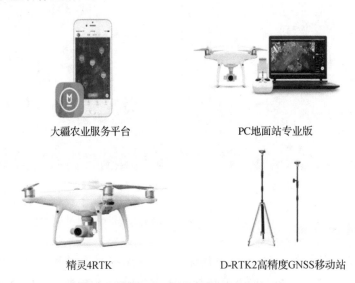

大疆农业服务平台　　　　　　　　　PC地面站专业版

精灵4RTK　　　　　　　　D-RTK2高精度GNSS移动站

图1-7　无人机农业植保管理平台及工具

注:GNSS 全称为 Global Navigation Satellite System,意为全球卫星导航系统。

(三)应用案例

苏州吴中区临湖镇湖嘉生态农业有限公司与苏州市农业科学院合作,使用无人机远程诊断系统监测农植物长势,极大地提高了作业效率(图1-8)。

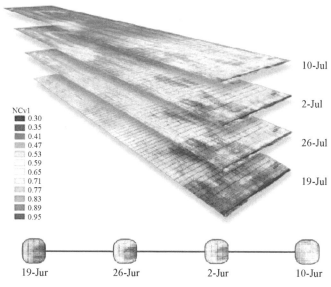

图1-8　无人机远程诊断——多光谱无人机监测农作物长势

三、作物长势监测

(一)需求分析

作物长势监测是指对作物的苗情、生长状况及其变化的动态观测,与调整栽培措施有密切的关系。作物长势的快速无损监测,对粮食的宏观调控有重要的意义。

传统的作物长势监测估产采用人工调查的方法,耗时长、速度慢、成本高,无法快速及时地获取各类数据,而卫星遥感技术又存在重访周期长、成本高、受天气条件限制等问题。

近两年,无人机行业快速发展,从时效性、空间分辨率、机动性上弥补了上述不足,已迅速发展成为作物长势监测的重要手段(图1-9、图1-10)。

图1-9　无人机常规摄像头作物长势监测

图1-10　无人机热成像摄像头作物长势监测

（二）解决方案

在农业领域,因叶面积指数(Leaf Area Index,简称LAI)能够充分反映作物生长过程,并且与该过程密切相关,故常用LAI表示作物长势。不同长势的作物,其叶面积指数值大小不同。一般植株越高、群体越大的田地,其叶面积指数较大。因此,苗情长势越好的农田,其叶面积指数也越大。遥感长势分析的方法是建立植被指数与作物长势指标LAI间的模型(图1-11)。

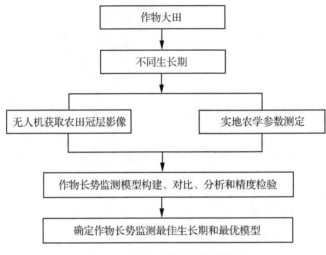

图1-11　作物长势监测作业流程

（三）应用案例

苏州市农业科学院使用大疆无人机M100搭载Parrot Sequoia多光谱相机对稻田进行长势监测。共有四个120万像素窄带和同步化单色传感器,可采集波段数据有绿(550 nm)、红(660 nm)、红边(735 nm)、近红外(790 nm)。以下分别为水稻生长的分蘖初期(图1-12、图1-13)和成熟期(图1-14、图1-15)稻田长势情况。

图1-12　水稻生长的分蘖初期

图1-13　水稻生长的成熟期

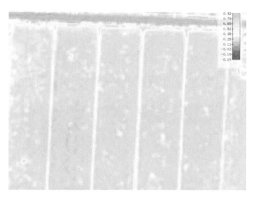

图 1-14　07.22NDVI 指数图　　　　　　　　图 1-15　10.08NDVI 指数图

注：“07.22”“10.08”为拍摄日期；NDVI，全称为 Normalize Difference Vegetation Index，意为归一化植被指数，全书同。

四、养殖塘水草丰度监测

（一）需求分析

在养殖塘的维护中，水草种植与养护是河蟹和小龙虾养殖过程中的关键技术之一，在很大程度上决定了河蟹和小龙虾的健康状况、规格及产量。因为水草不仅是河蟹和小龙虾养殖中不可或缺的天然植物性饵料，而且是它们栖息、蜕壳、躲避敌害的场所。更重要的是，一方面，水草具有调节水质、改善底质、增加水体溶氧、调节水温等作用，在调节养殖塘水质、保持水质清新、改善水体溶氧和消除塘底亚硝酸盐、氨氮、重金属、硫化氢、甲烷等有毒有害物质方面作用显著，适宜数量的水草有利于提高河蟹、小龙虾的产量和品质。另一方面，当水草超过一定数量时，会导致水层缺氧，并加速水草死亡，造成水质变坏，不利于鱼类养殖，所以养殖塘需要实时监视水草数量。

传统人工划船观测水草或陆地观望的方法难以做到全局观测。使用无人机对养殖塘水域进行全局探测，不但可以快速全面了解养殖塘整体分布情况，还可以聚焦局部，确定水草生长情况，有利于获得准确信息并及时制定应对措施。

（二）解决方案

利用无人机进行养殖塘水草丰度监测，可挂载 CCD（Charge Coupled Device，意为电荷耦合器件）相机，长时间动态拍摄目标水域图像，对养殖塘水草的分布和数量进行监测评估，从而达到控制水草生长速度和水草密度的目的。

（三）应用案例

苏州市农业科学院使用大疆 M100 无人机搭载禅思 Zenmuse X3 相机,对养殖塘水草丰度进行监测,能够快速掌握水草生长情况的信息,省时省力(图1-16)。

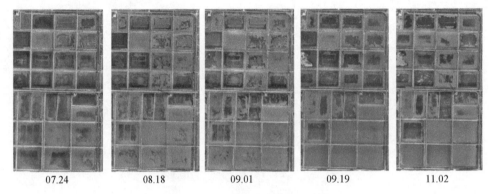

| 07.24 | 08.18 | 09.01 | 09.19 | 11.02 |

图1-16　无人机对水草丰度监测

第二节　无人机在农业资源规划领域的应用

一、农业规划

（一）需求分析

现代农业产业园区是推进农业结构性改革的重要载体,其规划建设是推进乡村振兴和加快农业农村现代化的重大举措。在规划农业园区的过程中,不仅要考量气候条件、水文条件、土壤土质等自然因素,还要考虑优化资源配置,丰富农业产业格局的经济因素。这一切都需要建立在对目标地本底资源充分的调查与分析的基础上。

传统的自然资源和农业资源调查以现场勘测为主、航空遥感为辅,但这仍面临勘测费时费力、基础资料收集困难等问题;同时,由于卫星遥感面积大、分辨率较低、易受环境影响,因此,在农业规划中的应用具有一定的局限性。

随着无人机技术的不断发展,无人机采集影像分辨率越来越高,且机动灵活,为农业产业园区规划提供了新的思路与手段。

（二）解决方案

在农业规划前,需要对农业产业园区本底资源展开调查和现状分析。本底资源数据包括自然、农业、经济、社会和人文资源五个方面。无人机可以在调查自然资源、农业资源两个方面发挥作用(表1-1)。另外,无人机采集影像还可以用于农业规划实施后的执行效果比对及三维建模成果演示。

表1-1　资源本底评价体系

资源类型	主要内容	评价指标
自然资源	耕地	类型、面积、斑块数量、景观指数、土壤受侵蚀程度
	水环境	面积、水质、地下水位、淹没区
	生态系统	湿地生态系统面积、空间格局
	生物	土壤微生物指数、动植物数量
	气候	降雨、光照、温度、湿度、风向、气象灾害
	景观	美景度、空间格局
农业资源	产业结构	布局、类型、数量
	发展规模	园区面积、辐射区域
	基础设施	交通、水电、通信
	农业人口	数量、质量、空间分布

➤ 自然资源、农业资源信息采集

充分利用高空间分辨率的无人机采集影像,获得耕地、水环境、作物、自然植被的分布数据。当目标区域面积较大时,可以采用固定翼无人机,其速度快、航时长、覆盖范围广,能够有效满足大范围作业的标准与要求。当目标区域面积较小时,可以采用多旋翼无人机,它可以精准清晰地拍摄地物信息,辅助规划人员借助地形图和卫星影像完成地物信息判断,诸如道路状况、河流状况、建筑样式、树木绿化、农田、果园识别等。

对无人机采集回的影像,还要进行土地利用分类,其基本流程如图1-17所示。分类的原理是通过深度学习方法对特定的目标地物进行识别,分类的过程包括建立目标地物样本库和分类及验证。首先,为了保证分类精度,每类地物的样本库应该选取包含该类地物各种形态的面状样本数据,并且尽量保证每类样本库都是"较纯"样本库,即每类样本库内只存在本类样本,不掺杂其他类型的样本,以防止给模型的构建及训练带来干扰,影响分类结果。其次,利用构建的样本库训练模型,进而利用训练好的模型对研究区域进行土地利用分类,最终对分类结果进行精度评价。影像识别分类的成果主要包括林地、裸地、建设用地、农作物及大棚用地等,其中建设用地包括建筑物和道路等,裸地包括收割后未种植的耕地。这些成果可以进一步为农业园规划提供依据。

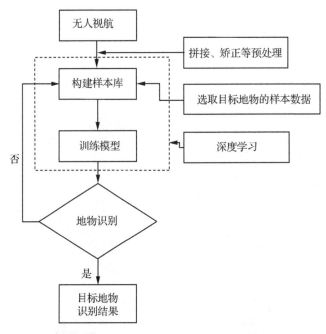

图 1-17 基于深度学习和无人机遥感影像识别目标地物的流程图

> ### 农 业 规 划 持 续 监 控

传统农业产业园区规划对运营管理重视程度不高,部分园区管理体制和运行模式基本是按计划经济运行体制与管理方式建立的,从而导致园区的生产、管理和经营效率偏低,最终缺乏应有的活力。从后期管理服务来看,园区未形成周期性的监督机制及系统性的反馈机制,从而无法及时处理运营中的问题,无法追踪、回访并提供后续服务。

利用无人机定期回访规划园区,动态采集影像,可以准确分析园区农业及其景观资源空间的动态表征、农业产业区域结构的动态优势、农业生态的时空动态安全格局等。

> ### 农 业 规 划 成 果 展 示

在规划后期,利用无人机采集制作全景影像或三维立体模型,不仅可以从宏观上把控农业产业园区内每个功能区的现状,还可以从微观上模拟仿真、交互等方式向受众展现农业产业园区规划的各个细节。

（三）应用案例

❋ **应用案例一**

2019年8月,苏州市农业科学院对位于吴中区临湖镇湖桥村浦南路28号的苏州市湖嘉生态农业园区进行了规划设计。该园区占地面积近1.3 km²,基地濒临太湖,西侧为浦庄大道,南侧、东侧为东山大道,北侧为西泾路。根据无人机拍摄的图像(图1-18)分析基地主要为基本农田,种植水稻、油菜等优质作物。基地临近太湖支流,周围河道分布密集,为基地主要灌溉水源,水量可满足项目区内的灌溉需求。根据项目区自然地理条件、生产力状况、现有基础设施和社会经济环境,科学布局产业结构、优化空间格局、集约利用土地,合理安排功能分区,结合苏州市湖嘉生态农业有限公司的发展目标及自身优势,以种植业为主体,加大农田综合种养、田间美化绿化等举措,力争进一步改善农业生产区环境,提升农业生产力水平和农业综合经济效益,更好地带动村民就业和农民致富,形成都市农业新景观。

图1-18 无人机拍摄的湖嘉生态农业园区现状图

❋ **应用案例二**

2019年12月,苏州市农业科学院对吴江区平望镇庙头村田园小综合体进行了规划设计,园区位于吴江区平望镇平望高效农业示范园内,该区块东临国庙路,西靠后港,南接农机仓库道路与对滨河,北与新农村农民公寓交界。根据无人机拍摄的规划区现状(图1-19),对整个区块进行合理分类,改变水稻种植生产的单一布局,形成一轴、三区、多点总体格局(图1-20)。在园区主要道路建设方面,新建环绕规划区的骑行步道,供游客沿步道行走或骑行,欣赏景观(图1-21)。

图1-19 吴江区平望镇庙头村规划区无人机拍摄影像

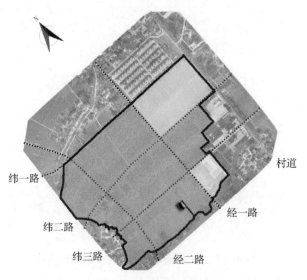

图1-20 吴江区平望镇庙头村规划区分区图

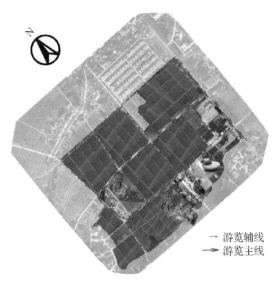

图 1-21　园区骑行步道浏览路线图

图例：
→ 游览辅线
➡ 游览主线

✳ **应用案例三**

　　利用农业区土地利用监测分类。首都师范大学在陕西省关中东部旱塬地区开展了农业区土地利用监测分类实验。使用大疆精灵 Phantom 4 Pro 无人机搭载全色相机航拍,获得全色航片数据源,其飞行高度为 200 m,每张航片尺寸为 5 472 × 3 648 像素,空间分辨率为 5.45 cm。以东雷二期抽黄灌区具有下垫面代表性的小区域为研究区,利用卷积神经网络深度学习方法(表 1-2)。结果表明,总体分类精度达 93% 以上,Kappa 系数为 0.9 以上,能够更清晰地识别提取出地物边界,分类效果较好。

表 1-2　东雷二期抽黄灌区土地利用各类型所占面积及比例

	地物类型	林地	农作物用地	裸地	建设用地	大棚用地	总面积
东雷二期抽黄灌区区域1	面积/m²	3 8801.37	0.00	818 841.59	12 456.37	0.00	870 099.33
	占总面积比例/%	29.15	0.00	61.49	9.36	0.00	100.00
东雷二期抽黄灌区区域2	面积/m²	13 583.43	7 143.50	87 191.55	14 278.36	46 501.57	168 698.41
	占总面积比例/%	8.05	4.24	51.69	8.46	27.56	100.00

二、高标准养殖水体测绘

(一)需求分析

　　无人机技术的发展,催生了无人机摄影测量技术,利用无人机与传感器、摄影测量、遥感、GNSS 定位、通信等技术的结合,从而实现自动化、智能化、专题化的资源、环境、国土等方面空间信息的快速获取与建模分析等。小型无人机摄影测量系统作为一种及时获取高精度空间信息的新型设备,具有轻巧灵便、低成本、快速、时效性强、可重复作业等优点,成为测绘与遥感领域的新兴发展方向,已逐步应用于大比例尺地图航空摄影测量、土地利用动态监测、环境监测、灾害调查等领域。

(二)解决方案

利用无人机航空摄影测量技术进行养殖水体测绘,可以有效地提高地形图测绘的精度。一方面,无人机可采集养殖水体上方的影像数据,利用 Context Capture(简称 CC)或 Pix4D 软件进行空中三角计算,获得养殖水体地面模型。另一方面,无人机可以通过地面布置的像控点矫正来提高模型的精度。后期数据通过 ESP(Easy Sketch Pro,为入门级手绘动画软件)等软件绘制数字模型、工程用图等相关资料,即可获得高标准水体面积数据。

该方式与传统人工测量相比,可以减少大量的人力、物力,同时也更保证了作业人员的人身安全。最重要的是,该方式在测量结果上比传统结果细节更加丰富,所传达的信息更多。在实际操作过程中,要严格依照相关规定进行无人机航空摄影测量,尽可能减少错误的发生。另外,还要对不同的工程进行分析,进而提高地形图测绘成果的质量。

(三)应用案例

❋ **应用案例一**

2019 年,中飞遥感在江苏省苏州市临湖地区,实施了面积为 1 km² 的高标准鱼塘测绘项目。为了提高地面分辨精度,无人机影像数据采集使用的是高精度测绘无人机,使用其配套软件规划航线,航线设置为纵横交错的方格网状结构,预设飞行高度为 80 m,航摄影像航向重叠率为 80%,旁向重叠率为 80%,共采集图像 3 000 张,鱼塘航拍采集影像如图 1-22 所示。

为了提高整个区域的测绘精度,采用 CGCS2000(China Geodetic Coordinate System 2000,意为 2000 国家大地坐标系)坐标系,

图 1-22 苏州市临湖地区鱼塘航拍采集影像

布设控制网。同时运用差分 GPS（Global Posititioning System，意为全球定位系统）技术采集地面控制点。经过 Pix4D 软件影像的数据拼接，获得高精度的正射影像和数字表面模型（Digital Surface Model，DSM）。最后在 EPS 软件中，使正射影像叠加 DSM，获得缺失侧面纹理信息的三维模型，在模型基础上进行面积的量测，为鱼塘测绘提供高标准测量数据，获得鱼塘测算面积（图 1-23、图 1-24）。

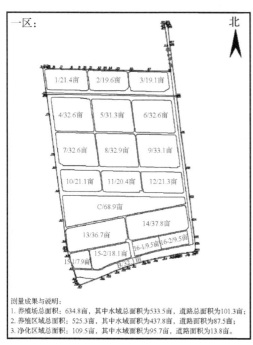

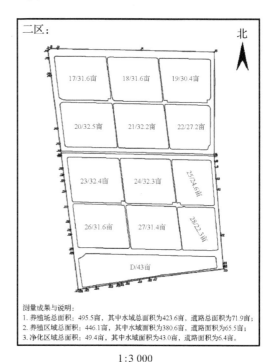

图 1-23　一区面积测量结果图（单位：亩）　　图 1-24　二区面积测量结果图（单位：亩）

图 1-21　测绘面积结果图

❋ 应用案例二

海洋养殖鱼排面积估算。在监测沿海养殖渔排面积的实验中，为了降低影像分类对人工解译的依赖，利用无人机获取的 CCD 相机光谱信息，建立渔排监测指数，提出了渔排监测指数阈值快速提取算法（图 1-25）。福建沿海古雷和可门港的实验结果表明，基于无人机获取的数据影像，利用渔排监测指数快速提取算法估算的渔排面积精度在两个区域分别达到 98.9% 和 97.4%。

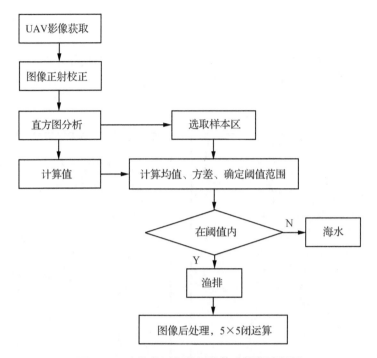

图 1-25　渔排监测指数阈值快速提取流程图

18

三、农村土地及房屋确权

（一）需求分析

农村集体土地所有权确权登记发证工作是关于国计民生的重要工作。具体的发证工作流程包括制作1∶5 000 比例尺的农村集体土地所有权确权工作底图、1∶500 比例尺的农村集体建设用地以村为单位的宗地总图、1∶500 比例尺的农村集体建设用地现状图、1∶500 比例尺的农村集体建设用地类斑图,在此基础上进行地籍调查和权属调查,核定每户农户宅基地使用权的权属、界线和面积,并登记发证。

无人机航空摄影可对农村集体土地范围内的土地进行数据采集、影像拍摄,获取高精度的地表三维数据,并通过协同作业的侧视图像进行快速建模,绘制比例尺较大的地形图,协助农村集体土地所有权确权登记发证工作顺利进行。

（二）解决方案

无人机测绘技术可以快速获取高清正射影像图,在此图件的基础上可迅速获取地物信息,包含房屋的外框信息和高程信息及屋顶的矢量信息,内业人员可以通过房屋的外框和屋顶坐标等信息,快速生成数字划线地图(Digital Line Graphic,DLG)。这些基础信息可以帮助城乡规划管理者做出科学的规划决策,推动城乡的健康发展。无人机测量流程图如图1-26所示。

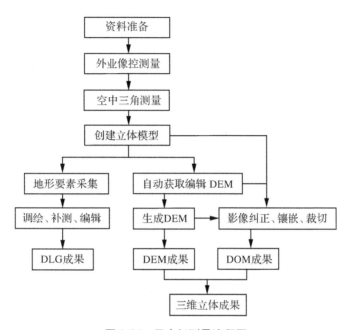

图1-26 无人机测量流程图

注:DEM全称为Digital Elevation Model,意为数字高程模型;DOM全称为Digital Orthophoto Map,意为数字正射影像图。

农村土地、房屋确权无人机实际航测项目流程如下:

1. 项目调研:将项目进行前测绘区的无人机航空摄影数据用于前期测绘区的选择和分析。

2. 项目工程范围划定:利用无人机获取的数据,测绘地区的经纬度、地形地貌等情况,可借助地形图、遥感影像辅助完成,进行工程范围精细划定,减少投资。

3. 制订航空摄影拍摄计划:无人机航空摄影具有高度的自动化,可自动设置飞行航测计划,提供DOM成果。农村集体土地登记确权发证工作是国家重点工程,无人机航空摄影数据可以检测工作进度、质量。

4. 执行作业:无人机航空摄影过程是实时可见的,拍摄完成后如有需要可立即重拍。三维模型效果图如图1-27所示。

5. 数据处理:农村集体土地测绘完成后,通过无人机航空摄影采集的数据可生成DEM、三维正射影像图、三维倾斜影像、三维景观模型、三维地表模型等三维可视化数据,绘制等比例尺较大的地形图,辅助农村集体土地登记确权发证工作的计算及核对。

图 1-27　无人机航拍三维模型效果图

> **农村房屋数据三维可视化展示**

　　三维地理信息平台支持海量倾斜摄影模型数据浏览和编辑。通过无人机航拍,可以在较短时间内获取最真实、高精度的农村宅基地倾斜摄影三维模型数据。通过平台的展示和编辑,可有效提高宅基地确权工作效率,相比于传统的宅基地外业调查,其工作的时间成本、人工成本大大降低。农村房屋数据三维可视化情况如图 1-28 所示。

图 1-28　无人机航拍农村房屋数据三维可视化情况

➤ 二三维地理信息平台

为农村土地确权、房屋确权的大数据分析提供技术支撑,二三维地理信息平台通过对矢量二维土地利用数据、无人机航拍正射影像数据、无人机航拍倾斜摄影三维数据建立数据库、数据入库、数据库数据更新、数据库维护升级、数据库数据通过 server(服务器)发布等流程实现农村土地确权大数据管理;并且数据发布流程精简至极,只需一个执行文件,即可轻松发布二三维数据(图 1-29)。

创建数据库　　　数据入库　　　影像数据发布　　　倾斜摄影数据发布

倾斜摄影数据发布后浏览　　　　影像数据发布后浏览

图 1-29　二三维地理信息平台

(三) 应用案例

为实现高效调查农业房屋确权工作,某公司在湖北省洪湖市大同湖农场开展了相关实验。测区范围面积为 0.2 km²,航飞组使用大疆 M210 RTK V2 无人机,搭载五镜头相机进行影像采集。经过累计飞行时间 60 min,结合像控组采集的像控点 11 个数据,制作出了测区三维模型,实现了高效的不动产调查统计作业。

第三节　无人机在农业环境监测领域的应用

▌ 秸秆焚烧监测

(一) 需求分析

秸秆焚烧作为生物质燃烧的一种,已成为全球关注的问题,不仅造成了生物质资源的浪费,也严重影响大气质量,威胁人类健康。据统计,中国2015年秸秆资源量为10.4亿t,主要用于肥料、饲料、基料、燃料和原料,综合利用率为80.1%,这意味着中国每年有近2亿t秸秆被焚烧处理。露天秸秆焚烧危害巨大:第一,焚烧产生大量的二氧化硫、二氧化氮和可吸入颗粒物,危害人体健康,造成严重大气污染,同时也是雾霾的成因之一;第二,秸秆焚烧容易引燃周围易燃物,引发麦田或山林大火,导致火灾;第三,秸秆焚烧会将大量地表中的微生物烧死,破坏土壤结构,造成农田质量下降。

目前,我国对秸秆焚烧的监控主要利用遥感卫星。遥感卫星在大范围(如省或者国家)层面上进行秸秆焚烧监测成效显著,但是在小范围(县或者市)内存在卫星过境时间较短、监测次数较少、云层覆盖及监测误差较大等缺陷。例如,由于气象卫星数据(白天图像)仅能探测面积最小为 $50 \sim 100 \ m^2$ 的完全燃烧的火场,因此,焚烧持续时间较短的小规模秸秆焚烧火点会被漏掉。依靠红外线监测地面温度时,除了秸秆焚烧外,电焊、炼钢、热岛效应等情况也可能在系统中显示为"火点",从而导致误报现象。因此,对遥感卫星空间、时间及光谱分辨率等性能指标有较高要求。

在实际工作中,广大农村地区还在实行"干部包村"的形式来防控秸秆焚烧。干部组织工作人员或者村民,对村里的重点区域进行全天候或不定期的巡查,这种办法行政成本太高且效率低下。

采用无人机航拍来监测秸秆焚烧,不仅弥补了卫星遥感小范围内监测焚烧火点不精确的缺陷,同时也降低了传统采用"人海战术"进行秸秆焚烧监测的人力物力资源,提高了执法效率。无人机航拍具有时效性强、机动性高等优点,在秸秆焚烧监控方面,可以与遥感卫星监控系统相结合,互相配合和补充。

(二)解决方案

监测秸秆焚烧的表征指标分为两类:火焰燃烧高温区域、燃烧排出的有害气体。针对秸秆燃烧时产生的高温区域,可通过无人机搭载CCD摄像头和热成像相机,利用红外技术识别火焰或高温区域。还可以依据中红外波段对地面温度异常点有强吸收的特点,从正常地表温度环境中提取高温火点,以达到秸秆焚烧火点提取的目的。针对秸秆燃烧时产生的有害气体,即二氧化硫、二氧化氮、可吸入颗粒物三项污染指数,可利用无人机搭载气体监测仪进行监测。

为了精准提取影像上的焚烧点,有研究者提出基于改进ViBe(Visual Background Extractor)算法和颜色特征加权判断的算法来捕捉火焰区域。有研究者提出,根据影像上烟雾的像素颜色来判断焚烧点。

为了加快提取焚烧点的速度,有研究者编写了一套DSFire(Digitizing Strawfire)软件,该软件可自动从几千张航拍图片中通过特征点有效提取火点或火灰斑点图片,其准确率在82%以上,再通过电脑参与对提取图片进行二次识别,准确率高达95%以上,一般在航拍后30 min内即可提交分析成果。

通过以上方法分析出的秸秆焚烧及位置信息,利用网络迅速传递给当地执法部门,执法部门即可指挥距火点位置最近的执法人员进行处理。

（三）应用案例

进入秋季农作物收割阶段以后,为做好秸秆禁烧工作,湖北省在动用遥感卫星监测的基础上,再采用无人机手段开展秸秆焚烧巡检工作。每个飞行巡检小组由1名遥感飞行操作员和1名地面数据分析人员组成,根据监控遥感数据分析情况,确定火点具体位置,并将实时监测图像传到指挥中心,结合地面执法检查,核实着火点的具体信息。对于在夜间农民利用夜色掩护偷偷焚烧的情况,同样可以利用无人机,借助搭载热成像相机,通过温差来识别有无违法焚烧现象(图1-30)。在地面端,利用地面站系统,可快速规划巡逻区域,实现自主飞行。

图1-30　无人机搭载热成像相机监测秸秆焚烧

第四节　无人机在休闲农业领域的应用

休闲游购

（一）需求分析

现代农业休闲园区是为人们提供农业生产、产业发展、观光游览等交互活动的优势资源聚合体。在景区的市场宣传过程中,为了更直观地展示园区建设动态、增强人们的旅游体验感,虚拟现实(Virtual Reality,VR)和增强现实(Augmented Reality,AR)技术已经成为虚拟旅游的潮流趋势。

随着空间科学技术的发展,无人机搭载相机,可为休闲园区制作恢宏大气的全景虚拟旅游作品。通过全景作品与电子导览相结合,能极大地提高游客对自然景观与人文景观、历史与现实的认知及理解,这已成为休闲农业虚拟旅游发展的主要方向。

(二)解决方案

全景拍摄技术指的是在图像建模与渲染的基础上,在空间之中选定一点当作视点,对此视点视野范围内可以观察到的相关图像进行连续性的采集,借助技术处理使采集的图像连续且无缝隙,也就是全景图像,使用有效的显示引擎将无人机采集到的图像具体呈现出来,从而构建从任意角度都可以观测的三维虚拟场景。这实际上就是对三维场景的虚拟再现,是借助视点真实呈现景象、准确反映现实情况的手段。相关的技术人员不用再对视野范围内的其他场景进行建模,就能够呈现伪三维的空间视觉效果,直观且高效地形成视野范围内现场的图像,这不仅有助于工作人员对景区环境整体情况的把控和了解,同时也可以得到对事态情况变化信息的反馈(图1-31、图1-32)。

图1-31 无人机全景拍摄成图远景

图1-32 无人机全景拍摄成图近景

（三）应用案例

旅游展示。江苏省苏州市开展"苏韵乡情"项目，使用无人机和地面云台为苏州市29个共享农庄进行了全景VR拍摄（图1-33），包括户外景观点、酒店餐饮室内状况，使游客在旅游之前通过手机"扫一扫"（图1-34）就可以全面了解景点情况，增加了农业园的宣传效果，目前访问量已经超过了4万人次。

图1-33 "苏韵乡情"无人机全景拍摄成果

图1-34 苏州共享农庄二维码

第二章
无人机交通运输应用解决方案

无人机在城市交通管理领域有着实际需求。目前,我国大中城市普遍存在道路拥堵和交通管理不善的问题。

无人机参与城市交通管理,能够发挥其专长和优势,帮助城市交管部门解决大中城市交通顽疾。宏观上可以确保城市交通发展规划贯彻落实,微观上也可以进行实况监视、交通流的调控,构建水一陆一空立体交管,实现区域管控,确保交通畅通,应对突发交通事件,实施紧急救援。

第一节　无人机在交通执法领域的应用

(一)需求分析

交通安全事关经济社会的稳定发展,道路顺畅事关人民群众的便捷出行。从交通管理工作的角度看,交通安全需求强调的是对交通事故的处理,出行畅通需求强调的是对交通秩序的维护。

根据2013—2018年全国交通事故数据统计,尽管国家严格要求规范驾驶、文明驾驶,交通事故的发生数、相应的人员伤亡及直接财产损失仍一直居高不下(图2-1)。

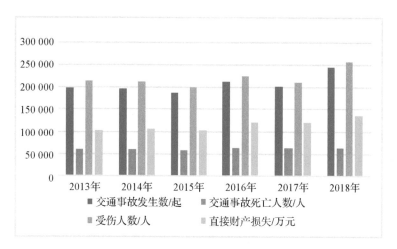

图 2-1　2013—2018 年全国交通事故数据统计

因超速超载、非法运载危化物品、恶劣天气,甚至因突发事件引起的交通事故、交通拥堵等交通问题对交通管理工作造成了一定的挑战。改善交通状况,提升交通管理水平已成为全国各地迫在眉睫的问题。

无人机具有机动灵活、居高临下、范围大、长留空、高效率、低风险的特性,可以应用于道路交通安全诸多领域,从道路状况勘查到违法行为抓拍,从道路交通监测到交通事故处置,解决了以往执法取证不及时、监察存在盲区死角等问题,极大地提高了反应效率。"无人机 + 警员"的警务巡逻新模式,将为提高群众的交通安全感和出行满意度做出巨大的贡献。

(二) 解 决 方 案

➢ 道 路 巡 查,违 章 抓 拍

无人机具有机动性强、灵活性高的特点,可用于日常交通巡逻。在常规监控无法覆盖的盲区,交通执法部门可利用无人机挂载高分辨率和高倍数变焦相机进行道路巡查,对交通违章行为进行实时监控,与固定视频监控泛感知点位互补,扩大感知范围。在节假日高峰时段及易堵道路,交警人员可以设置无人机沿预设路线自动巡逻,拍摄路面交通状况时,只要调整视角,保障道路双向路面均在视频画面内,即可实时回传指挥中心,后台利用算法实时检测交通事件,如事故、拥堵、违法行为等,实现实时管控。

大疆经纬系列无人机还可开启智能追踪模式:针对人、车辆和船只等移动中的目标,可实现自主识别、定位并持续跟踪。辅以自动变焦功能,使目标始终处于画面中心位置,并保持合适比例以便查看(图 2-2)。同时,借助大疆司空平台,可以实现多屏幕信息共享,增加团队作战能力。

图2-2　利用无人机追踪违章车辆

> ### 交通事故现场勘查、记录

无人机可用于交通事故检测勘察。例如大疆 M300 无人机，与常规无人机相比，M300 在电磁散逸问题、航程和有效悬停时间、载荷能力、保密通信等问题上均有较大的优势。区别于传统交通事故中使用人工丈量、手工绘制和相机拍照的勘查取证方式，使用无人机搭载高分辨率摄像机，可以快速到达事故区域筛查，锁定事故后可定点盘旋，对信息进行全方位采集，对重点车辆进行抓拍，取得事故现场的多角度立体影像（图2-3）。使用建模软件 Pix4D，可以快速生成现场的平面图和立体三维模型图，并可在软件中直接测量相关的长度、体积等参数，从而大幅度提高交通事故处理的效率和准确性。

图2-3　利用无人机多角度抓拍事故立体影像

> ### 重点区域，亮灯巡逻、空中喊话、交通疏导

无人机加装空中喊话器及照明模块，音频信号与视频信号通过网络实时传输，可以用于交通事故现场的空中喊话。无人机飞行不受地形限制，且飞行速度快，控制距离远，可辅助交通执法人员在交通拥堵路段进行大范围的交通管制和人群车流疏导。

➢ 远程直播：开辟第二战场，现场指挥

无人机携带全画幅的高清晰度相机，结合5G直播技术，对事故现场和执法过程进行远程直播，从而使指挥中心能够实时了解现场情况，为执法和救援工作的进一步开展提供帮助。

（三）应用案例

❈ **应用案例一**

2020年国庆期间，为响应交通运输部缓解假期高峰车流号召，苏州市公安局交通警察支队使用无人机对易堵路段进行监测。假期期间，分别在沪苏通大桥、京沪高速阳澄湖路段等易拥堵路段部署飞行任务，监控车流量，累计每天飞行8h。指挥中心同步利用无人机回传的画面，指导交警进行疏导并开启应急预案（图2-4），大大减少了拥堵时间，取到了良好的效果。

图2-4 国庆期间高峰期使用无人机监控高速公路

❈ **应用案例二**

自2020年9月起，上海市公安局闵行分局结合一线实际执法需求，运用无人机参与航拍路面巡逻、抓拍违法行为、勘察事故现场等交通管理工作，以"科技赋能"破解交通管理难题。在开学首日早高峰时段，公安局在易拥堵节点部署无人机开展巡控，地面指挥员借助实时画面进行调整干预，确保相关点位交通畅通（图 2-5）。在拥堵路段发生碰擦事故时，指挥中心通过无人机影像识别车牌，与车主取得联系，远程指导当事人进行快速处理后撤离（图 2-6）。在酒驾整治工作中，利用无人机搭载闪灯、喊话等设备，迅速拦截企图逃逸的嫌疑车主。实践证明，无人机辅助实战有效地弥补了警力不足的困境，上海市公安局将这一措施纳入常态化工作机制［出自上海市公安局微信公众号“警民直通车（上海）”］。

图 2-5　无人机日常巡航确保畅通

图 2-6　无人机及时干预事故快速处理

应用案例三

2018 年 6 月，江苏省常州市交警支队高架大队在全市的高架道路范围内启用无人机协助查处交通违法行为，主要抓拍驾车接打电话、压线、不系安全带、货车闯禁区、违停等情况。仅在启用无人机抓拍的 2 周时间内，就抓拍了 100 多起交通违法行为（图 2-7），执法效果显著。

图 2-7　无人机协助查处交通违法行为

第二节 无人机在交通基础设施领域的应用

（一）需求分析

城市经济的发展在很大程度上依赖于交通基础设施。然而,大部分城市基础设施建于 20 世纪,定时检修对于维持城市运营效益及公共安全都至关重要。

通常我们在改善道路时,第一步需要获得高清的图像资料(图 2-8),以便于掌控道路状况、道路标识、树木遮挡情况和道路整体状况等完整信息,从而找到问题所在,及时维修和建设道路。这种大型任务通常需要人工或直升机才能完成,而人工巡检耗时太长,直升机巡检成本又太高。运用无人机来承接这一任务不仅可以节省大量的时间和成本,还可以产生高效的成果。

图 2-8 无人机巡检高速公路

（二）解决方案

在交通基础设施检测领域,无人机应用广泛,例如桥梁检测、道路检测、路政管理远程巡查、铁路建设勘测、公路铁路规划等。

➤ 桥梁检测

无人机桥梁检测系统主要由无人机飞行平台、避障系统、高清摄像机、遥控设备、地面站系统,以及报告处理服务器几大关键部分组成,通过人工遥控与自主飞行相结合的方式,对桥梁各部位进行拍摄,实时获取影像数据(图2-9),通过智能分析所获得的数据,精准地对桥梁病害进行监管。

➤ 道路检测

多旋翼或者固定翼无人飞机常常被使用于针对面广量大养护道路的日常定航巡查领域。

无人机搭载超清变焦摄像头设备,沿道路执行现场航拍(图2-10),并将数据传回地面站,由后台分析软件对道路常见病害如坑塘、裂缝、车辙等进行图像识别,并形成病害分析报告,辅助现场养护任务决策。

➤ 路政管理远程巡查

使用多旋翼或固定翼无人机,对广大的道路基础设施进行日常定航线巡查。

无人机搭载超清变焦摄像设备,执行现场航拍并将数据回传至地面站,由后台分析软件对妨害路产路权的对象如路面抛撒、违章搭建等进行图像识别(图2-11),并形成巡查报告,辅助现场处置任务决策。

➤ 在铁路工程中的应用

无人机技术在国内发展十分迅速,而与其相应的丈量及数字摄影技能也有快速的发展,选用无人机进行

图2-9 无人机对桥梁进行拍摄

图2-10 无人机抓拍的道路现场图像

图2-11 无人机实施路政远程巡查

丈量、绘图,成为许多铁路工程建造中的一种新式的测绘手法。无人机测绘技术的最大长处就是灵活及高效,在最短的时间内快速地获取被测区域的立体数字信息,测绘出所需求的资料,最大限度地防止铁路工程中各类风险事端的发生,在铁路建造勘查中十分有用(图2-12)。

图2-12　无人机实施铁路勘查

铁路工程施工区间非常长,施工路段往往很大一部分需要经过错综复杂、峰峦叠起的地势地貌。施工地基往往在受到气候、地势等因素的影响时,会出现崩滑等损害现象,一旦发生这种现象,就需要很多的核算数据来完结修正作业。但坍塌引起的地质不稳定非常危险,测绘人员也很难接近事端发生地址,这时无人机就凸显了它巨大的优势。无人机能够凭借挂载的相机在不接触地面的情况下完成整个区域的测绘,不仅简略快捷,而且十分安全。这类新式的测绘方法将一个新的模式引进了铁路线路勘查。

➢ 在铁路线建设中的应用

随着国内铁路交通的高速发展,铁路线路建设项目越来越多。无人机可以从高空角度巡视查看铁路建设工程。使用无人机搭载各类摄像头,在高空对地上的情况进行查看。通过无人机航拍获取地形、高程等数据资料,辅以软件对航拍的视频进行剖析处理,即可在铁路建造中对整个工程路段进行直观、快速、准确的把控。这对整个工程建造起到至关重要的作用。

➢ 低空摄像丈量

铁路建造往往会因某些原因经过不稳定的边坡地段,因此,在第一时间获取这一地段的丈量资料是十分关键的,这一任务可以借助无人机的低空摄像丈量技能而实现。

➢ 对铁路线路自然保护区的维护

若线路通过蹄类野生动物自然保护区,在线路设计时,还能够通过无人机的特性,对保护区内的动物迁徙线路、日常习性及群居特性等进行观测。

（三）应用案例

锡太高速即无锡至太仓高速公路,是江苏省高速公路网规划中"横八"高淳至太仓高速公路的重要组成部分。对苏州来说,锡太高速是除沪宁、苏沪、沪苏浙等高速外又一条苏沪通道,同时它还是太仓港的重要集疏运道路。2019年,交通建设主管部门委托中飞遥感使用无人机对该公路的规划工作进行前期现场查勘(图2-13)。查勘以公路沿线为目标,共计飞行50 km。项目成果使规划人员充分了解了公路沿线的环境特征,为道路规划提供了重要数据(图2-14)。

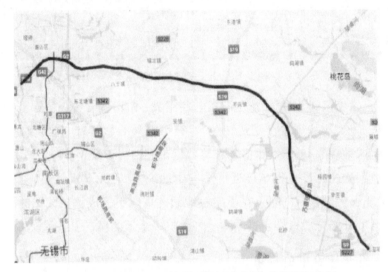

图2-13 利用无人机对锡太高速规划进行前期现场查勘

图2-14 无人机实际航拍道路影像

第三节　无人机在道路巡检领域的应用

（一）需求分析

目前国内经济发展水平越来越高,铁路线路覆盖的范围也越来越广。传统的铁路线路勘察一般是由人工完成的,不仅耗时,并且非常烦琐,而无人机的出现恰恰弥补了这一缺陷。无人机在进行铁路线路的勘察过程中,所获取的数据愈加准确,同时,在计算机的协作下,能够完整地制作出一套数字化的立体规划图,与实地的施工状况紧密结合,能够使施工数据变得愈加准确。一个准确的线路及实地数据对铁路线路的建造规划具有非常大的意义。在铁路施工中利用无人机进行勘探测量,将大大降低铁路施工工人的劳动强度,提高施工精度,为铁路建造供给了有力的安全保障(图2-15)。

图2-15　利用无人机对铁路进行巡检

（二）解决方案

无人机铁路巡检系统由以下两个部分构成:

一是空中部分:搭载专业相机的飞行平台,高清实时图像回传地面;负载云台为拍摄图片或高清视频的可见光相机。

二是地面部分:提供数据、图像导出、整理与记录。

该无人机铁路巡检系统,主要由前端无人机搭载高清摄像头进行现场视频或图像的采集,通过无线传输将设备采集的视频或图片资源实时传回地面。

无人机铁路巡检系统具有以下特点:

1. 便携灵活:携带方便,起飞条件简单,对地形无要求。

2. 飞行平台可靠稳定,保障安全。

3. 超远控制距离,具有全面的视野,可实现高空对目标的全局性拍摄。

4. 先进的三轴云台相机技术,保证拍摄画面稳定而清晰。

5. 高清实时画面回传,随时记录供回放。

6. XT 热成像相机,可实现对输电线路的精准故障检测。

7. Z30 变焦云台高达 30 倍的变焦效果,轻松实现远程图像采集,且更安全。

8. M210 RTK 版本可有效抗电磁干扰。

(三) 应用案例

贵州铁路局利用 M210 RTK 搭载高清摄像机,拍摄贵广高铁隧道、桥梁和高陡边坡高清影像。大疆 M210 RTK 可有效抗电磁干扰,配合禅思 XT 及 Z30 云台,用时 13 天即完成了桥隧设备检查和 36 座隧道进出口边仰坡、座桥梁的影像资料收集工作。

1. 安全巡逻取证:大疆悟 1 无人机 + 禅思 XT 相机。

为了避免供电和通信、信号电缆、铜线被盗造成的经济损失,贵州铁路局使用了大疆悟 1 无人机,搭载禅思 XT 相机,进行线路巡逻并拍照取证。

2. 基础设施监测:大疆 M200 无人机 + 禅思 Z30 相机 + 禅思 XT 相机。

贵州铁路局使用以上无人机系统进行线路基础设施监测(如观测钢轨裂缝、变形及轨枕的状况等),还可以在极端天气条件下进行数据采集。

3. 勘测设计和项目施工进度检查:大疆 M210 RTK 无人机 + 禅思 Z30 相机 + 禅思 XT 相机。

贵州铁路局利用无人机监测在建铁路项目的进展情况(图 2-16)。为了制定铁路网规划,采用以上无人机实施地形勘测,地面分辨率高达厘米级。

图 2-16 无人机监测在建铁路项目进展

第四节　高速公路无人机巡检方案

（一）需求分析

相对于传统的道路监控，无人机高度机动、布点灵活，在事故处理、秩序管理、交通疏导、流量监测等方面具有巨大应用优势，特别是在一些监控盲区，更能发挥独特的优势。

尽管无人机随着科技的进步在不断发生改变，传统的人工操作无人机巡检依然面临通勤距离长、综合成本高、响应速度慢、标准化程度低等问题。

1. 突发情况时效性差，交警携带无人机难以及时赶往现场，无法有效应对即时性、突发性工作。

2. 飞手人员（无人机操控人员）依赖性大，专业飞手交警数量缺口大。

3. "炸机"等事故时有发生，交警人工操控无人机心理压力大，出现抵触做飞手的情绪。

4. 难以满足一天多次的日常巡逻需求。

（二）解决方案

上述问题严重制约了无人机在交通行业巡检方面的优势发挥。因此，研发具有独立自主工作能力的全自动化无人机需求迫在眉睫，这也是无人系统发展的必然趋势。为了解决上述问题，需要利用自动机场作为无人化载体，运用机载 AI（Artificial Intelligence，意为人工智能）技术与远程控制平台的结合，重点实现以下主要功能：

1. 无人机巡逻自动化。通过机载 AI 飞控模块，自主识别巡检目标，自主调整云台角度、相机参数等智能功能，能完成更为复杂的任务。

2. 现场自动化。无人机自动机场一般部署在野外作业区域，为无人机提供全天候的防护，通过自动化的开合、升降、取卸结构设计，让无人机的起飞、降落、存放，以及电池管理，均可自动完成，无须人工干预，实现了无人机的全自动化智能巡飞和航程扩展。

在交通管理及巡检中，无人机自动机场、AI 无人机，可实现无人机自动化巡逻，具有效率高、响应快的技术特点，满足应急指挥、远程调度等多交通任务场景。无人机通过自动机场实现精准降落，精准起飞，自动飞行，迅速快捷到达现场进行巡检作业，不受地理环境影响，勘查现场环境，实时回传监控与调度平台。采用先进有效的技术手段实现快速、准确的信息上报,在移动巡查规范化、突发事件实时监控、预警应急、人员的高效调度管理等方面实时调度。

(三) 应用案例

兰州交警与上海复亚共同研发无人机交通全自动飞行系统(图2-17),运用自动化设备实现无人机存储、换电、充电,解决任务通勤、设备组装、电池更换等问题,降低作业现场对巡逻人员的需求;运用图像识别技术解决无人机自动起降问题,实现无人操控与远程操控,降低作业现场对巡逻人员需求;运用DRTK、路径规划、AI图像识别、图像控制算法、飞控融合等技术,解决无人机自动飞行及拍摄等问题,降低对人员操控无人机的技术需求;运用5G通信链路将无人机拍摄的实时画面和实时遥测信息进行回传,同时实现通过5G控制飞机,脱离无人机遥控器限制;运用AI应用云对交通违法行为开展实时监控、抓拍,并通过喊话系统及时劝阻纠正、消除隐患,解放后台操作人员的时时参与,有效实现了对高速公路路况的及时巡逻、4K高清视频低时延实时动态回传,及时发现隐患问题,对交通违法行为实时监控、抓拍,并通过喊话系统及时劝阻纠正、消除隐患(图2-18)。

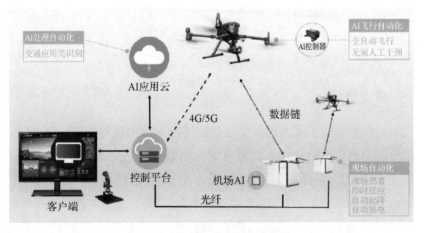

图2-17 无人机全自动飞行系统

图 2-18　无人机对高速公路路况快速做出反应

第五节　无人机在物流领域的应用

（一）需求分析

自从无人机技术的应用从高技术武器拓展到工业生产,甚至成为大众消费品,人们一直在探索无人机的新应用领域,如航拍、植保、巡检等,特别是在快递业如此发达的今天,物流也是无人机的一大应用场景。

传统的快递行业,面临巨大的人员开销、设备成本等问题。然而,无人机快递可以准确而及时地完成货物投递,有效地节约各种资源。无人机物流有三个优势:第一,快速,有数据统计使用物流无人机送快递,可节省现在车辆船舶 80% 的运送时间;第二,低成本,简单场景下的小批量的投递任务交给无人机,可以降低交通车辆开支,更充分地发挥人的智力,提高劳动效率,减少体力消耗;第三,在极端条件下,无人机可以轻松抵达地面车辆无法到达的区域,例如在应急救援物资的投送和森林防火任务中,无人机可以大大提高投送效率。

各大物流和电商公司(亚马孙、京东、顺丰等)均提出和实施了各自的物流无人机研究计划,虽然多数项目还远未进入实用阶段,甚至有些还停留在初期设计阶段,但是在可预见的将来,物流无人机的应用势必会越来越广泛。

（二）解决方案

针对不同的地形特点和距离，可以使用固定翼无人机、多旋翼无人机及垂直起降无人机这三种方案。固定翼无人机可以为航程较远，货物较大、较沉的货件进行运输，而多旋翼无人机可以为航程近、地势极为复杂的地区提供物流服务。

以多旋翼无人机快递为例，该无人机一般采用八旋翼飞行器，其搭载的飞行控制系统包括GPS自控导航系统、iGPS（indoor GPS，即室内GPS）接收器、各种传感器及无线信号发收装置。快递无人机具有GPS自控导航、定点悬浮人工控制等多种飞行模式，集成了三轴加速度计、三轴陀螺仪、磁力、气压高度计等多种高精度传感器和先进的控制算法。同时，快递无人机配有黑匣子以记录状态信息。

无人机全程通过飞控自主飞行。当快递无人机进入失控状态时将自动保持准确悬停，失控超时将就近飞往快递集散分点。快递无人机通过4G网络和无线电通信遥感技术与调度处和自助快递柜等进行数据传输，实时向调度处发送自己的地理坐标和状态信息，接收调度处发来的指令，在接收到目的坐标以后采用GPS自控导航模式飞行，在进入目标区域后向目的快递柜发出着陆请求、本机任务报告和本机运行状态报告，在着陆请求得到应答之后，由快递柜指引快递无人机在快递柜顶端停机平台着陆、装卸快递及进行快速充电。快递无人机在发出请求无应答超时之后再次向目的收发柜发送请求，三次超时以后向调度处发送着陆请求异常报告、本机任务状态报告和本机运行状态报告，请求指令。快递无人机在与调度处失去联系或者出现异常故障之后将自行飞往快递集散分点。整个流程工作人员通过网页端或者移动端软件对无人机实时监控，地面人员只需做好签收准备即可。

（三）应用案例

✳ 应用案例一

三山岛位于江苏省苏州市吴中区东山镇西南太湖中，为一大二小的山岛。为满足岛上的物资运输需求，镇政府拟在三山岛推广无人机快递项目。该项目既要满足可靠性高、智能化程度高、续航时间充足的要求，又要考虑到节约成本、降低风险、保持业务稳定运行。总体实施分三步走。

第一步，对全岛及周边区域通过无人机进行整体测绘，建立三山岛三维立体模型，导出等高线图和地形图，为无人机线路规划做基础底图。根据三山岛地形设计飞行线路，在不增加太多距离的情况下尽量避免高大树木、山体、建筑物和电力设施。操控手可以根据不同的天气选择不同的飞行线路。

第二步，建设无人机物流基础设施。至少建设两个无人机停机坪，用于货物装卸和无人机停放及维护。两个停机坪一个在长坼码头,一个在三山岛内,在码头准备一个备品备件库,用于无人机的日常维护保养、充放电和存放(图2-19)。

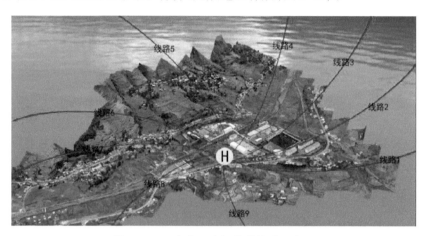

图2-19 三山岛无人机快递线路示意图

第三步,无人机的操控。主飞手设置在长坼码头,在两个停机坪设置监控设备,方便在长坼码头的飞手控制飞机在三山岛内降落。日常以自主降落为主,突发情况飞手接管。

本无人机快递项目采用共轴多桨无人机,其优点是续航时间长,飞行稳定,抗风能力强。载重在3~5 kg,飞行时间为30 min,直线距离可达到15 km。另外,采用共轴无人机的一个优势是在遇到恶劣天气、动力系统故障、桨叶弹桨等情况下仍可以保持飞行姿态继续完成任务,特别适合在城市上空、环境复杂的山区,和沼泽地区飞行。

物流转运箱采用纸箱或定制的ABS塑料(Acrylonitrile Butadiene Styrene Plastic)箱(图2-20),无人机可采取抛投转运箱或者着落释放的方式。大件的物流直接挂载到无人机云台转送,小件的凑满一箱转运。

图2-20 无人机快递箱示意图

✽ **应用案例二**

2016 年,浙江省安吉县邮政公司为了解决山区物流难题,打通偏远山区的物流运输"最后一千米",尝试用无人机完成物流配送。邮政无人机采用了六旋翼设计,外观类似于缩小版的直升机,底部的一体化货舱可以承载 5 kg 以内的货物,续航里程最大可达 20 km。运输全程自动化,无人机按照设计好的线路起降,邮递员只要把货物装进无人机并通知村邮站工作人员接收即可。工作人员通过 Web 端或者移动端 App,从云端服务器实时获取物流信息,了解无人机位置、运行状态、包裹处理信息等。据测算,采用无人机完成全场 10.5 km 的运货飞行距离大约需要 15 min,相比之前节省了大量的送货人力成本。

✽ **应用案例三**

浙江省舟山市有"千岛之城"的美称。自古以来海产资源丰富,但海岛众多、交通不便。物流是当地水产发展的制约环节。顺丰科技开展无人机运输实验,可以将原本 3 h 的水路运输,变为最快 12 min 的直达。随着运输方式的改变,无人机将为当地的水产发展提供巨大的助力。

第三章
无人机水务水利应用解决方案

　　中国是一个自然灾害类型多、发生频率高的国家。近几年,经济的高速发展和人口的增长引起了环境恶化,加剧了自然灾害的发生频率,并扩大了波及范围。尤其是近年来水灾害的频繁发生,致使国家财产和人民生命、财产受到重大的损失。无人机作为一种新型的遥感监测手段,具有影像实时传输、高危地区探测、成本低、高分辨率、机动灵活等优点。在水利方面应用无人机可随时巡视监控,利用空中视角的优势,高效便捷,第一时间掌握水利设施及水文情况、周边环境情况(图 3-1),以便有效地预防或处理紧急情况,并可以极大地提高工作效率。

图 3-1　无人机巡河

第一节　无人机河(湖)道巡查

(一)需求分析

水资源极易受到污染,内陆水体因自然封闭性导致的污染问题尤为突出。同时,水资源作为污染物的载体,具有动态的扩散和蔓延特性,会进一步加剧水体的污染程度。

内陆水体环境复杂、水域面积相对小,且污染类型多样,人工巡河频率受限、视野狭小,针对非法行为取证能力不足。在人工河道巡查中,工作人员需要沿着岸边、在桥上或坐船进行巡查、取证、拍摄各类污染河湖水质、破坏水环境和侵占水域岸线等违法行为,但是河流附近环境复杂、林草茂密,巡河效率低下,工作环境艰苦,通勤开支大,且偏远地区及应对突发事件人员不能即时响应等,已经难以满足水利作业日常巡查的要求。

相比普通的人力巡查,无人机水务巡检既克服了流域广、地形复杂等诸多因素限制,又能全方位掌握水域的基本情况。得益于各项无人机相关的智能化技术与设备的提升,同时凭借其机动灵活、操作简单、拍摄视野全面、实现功能丰富等特点,在河(湖)道的巡查中已经逐渐代替人工,实现高效精准的巡查工作。通过科学布设入湖河流,以及湖泊水情、水质、水生态、漂浮物等监测站点,积极运用物联网、无人机航拍、视频监控等新技术,对湖泊岸线、水下地形、水生态、水环境变化情况进行动态监测,将成为无人机河(湖)道巡查新的发展方向。

(二)解决方案

河(湖)道巡检的常见对象,包括河(湖)道岸上的垃圾、河中水草、取排水口、水面污染、河(湖)岸违建、水上船屋、桥边堆积物等。无人机遥感技术应用于水污染监测,可监测水面漂浮物及污染物。

1. 用多光谱扫描和红外扫描,可监测地表水体的化学污染和热污染状况。

2. 从红外扫描图像上,可确定进入水体的污水扩散特征和扩散范围。

3. 搭载叶绿素传感器,可监测水体中的叶绿素,借以确定水中藻类类型及其生长密度,掌握水体富营养状况。

4. 紫外摄影可测量水体油污染程度。

5. 利用悬浮物对光波的吸收特性差异,可以测量水体泥沙含量。

无人机搭载不同传感器,如照相机、多光谱成像仪、CCD摄影机、轻型红外航扫仪、激光测深仪、成像光谱仪、化学传感器等,可用于大面积水体的快速同步监测,不受时间、地点的限制,可迅速测定水体污染特征、污染源状况等。通过不同时间内的连续监测,重复成像,还可掌握水污染的动态变化,监测突发环境污染事件的发展,预测污染变化趋势。

河(湖)道巡检通过设定航线进行自动化巡检,飞行前设定好航点及高度,其间工作人员可以对问题点进行拍照或者录制视频(图3-2)。无人机摄制下的影像实时数据和基础信息也可以纳入水务巡检无人机管理信息平台。通过平台随时查阅、对比历史资料,能及时发现隐患和测评治理效果。

图 3-2　苏州市水务局指挥调度中心远程调度无人机河道巡检

（三）应用案例

❋ **应用案例一**

太湖蓝藻监测:2020年5—6月江苏苏州太湖水面蓝藻大面积暴发,严重污染了苏州自来水水源,对苏州人民的饮用水安全构成巨大威胁。为了对蓝藻蔓延情况进行全方位掌握,苏州市水务局使用无人机对太湖水域进行连续空中拍照(图3-3),取得了太湖水域苏州段蓝藻暴发的宝贵资料,为下一步如何整治太湖蓝藻取得了重要的参考资料(图3-4)。

图3-3　无人机拍摄的蓝藻污染画面

8:00 A 点位

8:00 B 点位

12:00 A 点位

12:00 B 点位

图3-4　无人机拍摄的蓝藻监视图

✤ **应用案例二**

河道清洁监测:2020年5月,苏州市水务局工程管理处为更高效、更快捷地监测和管理辖区河道,委托中飞遥感公司对辖区内七浦塘、外塘河、胥口、中西河、大运河等5条河道进行监测。经过收集航拍影像信息,制作正射影像,剖析图像,精确地获得了水情、水质、水生态、漂浮物等信息。

✤ **应用案例三**

吴江航道巡查:2018年,为贯彻《全省交通干线沿线环境综合整治五项行动方案》,吴江区交通局特委托苏州中飞遥感技术服务有限公司对辖区航道进行无人机巡查,中飞遥感对此项工作分两期进行巡查,第一期发现非法排污、非法向河道倾倒生活与建筑垃圾及河道的漂浮垃圾问题较为突出,吴中区交通局对此非常重视,立即派人清理河道及两岸的垃圾,并处理非法排污的企业。在环境综合整治后,中飞遥感派出无人机对航道进行第二期的巡查,河道环境较之前已大有改观,河水变得清澈了(图3-5)。吴江区圆满完成了全省交通五项环境综合整治的目标。

图3-5　无人机拍摄的吴江航道环境整治前后对比图

第二节　无人机在水行政执法领域的应用

一、水行政执法取证

(一)需求分析

水行政执法是水利法治建设的重要组成部分,对水利行业依法行政、依法治水的实施起着十分重要的作用。传统水行政执法工作存在局限性,人工执法效率低、频率低,消耗大量的人力资源;执法过程中某些地方人员无法到达,无法发现隐蔽处的违法违规作业行为;受人眼视角的限制,使得看到的东西也比较局限。

而无人机好比"天眼","睁开"无人机这只具备夜视功能的"天眼",有效弥补了空中执法力量的不足,它航速快、分辨率高、行动灵活,能到达人的视野不可及之处(图3-6)。不仅能够迅速精确定位,从多角度全方位航拍取证,更能发现隐蔽处的违法违规作业行为,帮助执法人员快速做出判断、部署工作,保证了执法的时效性。

图3-6 无人机水面拍摄取证

(二)解决方案

利用无人机巡查,不受空间地形限制,机动性好、时效性强、视野开阔、范围广阔,机载360°高清摄像头,可航拍半径2 km内的地面情况,为水行政执法有效取证奠定资料基础,震慑不法行为(图3-7)。水政监察工作人员可根据各项执法工作的实际情况,结合无人机的特点,应用无人机对饮用水水源地、河道、灌区等水利工程进行执法、巡查。

执法人员在巡查过程中可利用无人机实时查看周边是否存在如排污、违章建筑、违法施工等不法行为,从而有效消除巡查

图3-7 利用无人机开展水行政执法

人员、车辆无法进入和难以到达的死角与盲区，大大缩短执法人员的巡查时间，更加及时、准确地发现案情，第一时间取证，同时可对重点巡查点进行监控，震慑不法行为，避免"前脚走，后脚来"的被动局面。

（三）应用案例

广西壮族自治区贵港市港北区水利局联合市水政执法支队、达开水库管理局开展执法巡查，首次采用无人机对辖区内 5 个中心点，15 km² 水域涉嫌非法采沙情况进行执法巡查。采用无人机执法，解决了传统库区执法巡查调查取证难、覆盖面不全、执法力量投入多等问题，达到了库区巡查省时高效、全域覆盖无盲点死角、调查取证机动灵活的效果，进一步提升了现场执法工作效能，实现了执法工作全方位、全纵深、无盲点、零距离。

二、倾斜摄影三维水利

（一）需求分析

随着社会信息化的发展，执法取证的信息化已经成为水利现代化建设的基础和重要标志。由此，利用无人机构建一个集可视化、数字化、信息化、智能化技术于一体的水利领域三维可视化系统不仅是可行的，而且是必要的。

（二）解决方案

三维智慧水利信息管理主要是指利用无人机实现对河（湖）道周边的河流信息、河（湖）道工程信息、河（湖）道附属设置信息、水情雨情等基本信息进行查询、统计分析和分析结果调用的应用管理，并且该功能可以针对用户权限的不同，提供相对的管理信息内容，用户运用该功能可以通过三维平台查询到水利相关信息（图3-8）。

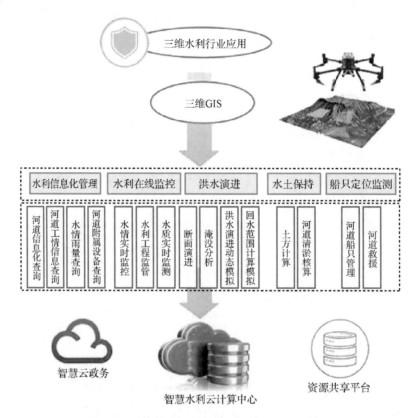

图 3-8　无人机在三维智慧水利行业的应用框架

➢ 城市内涝淹没分析模拟

利用无人机实时动态地展现洪水的变化过程及其给周边环境所带来的影响（图 3-9）。以便发挥防洪工程效益，并以非工程措施来减轻洪水危害。

图 3-9　基于无人机拍摄的三维模型模拟洪水动态

➤ 水利建设土方计算

无人机巡查系统提供了土方计算等功能(图3-10),用户可据此研究水土流失规律,辅助分析水土流失特点。同时可辅助用户开展渠道设计、防洪堤设计、水库坝堤等设计工作,提高水利工程建设效率。

图3-10 无人机巡查系统提供了土方计算等功能

(三)应用案例

福建省龙海市西溪桥闸位于九龙江西溪支流下游龙海市榜山镇洋西村,距龙海市区10 km,水闸于1967年1月动工,1970年6月竣工,为大型水利工程。随着桥闸的投入使用,桥闸闸底淤泥越来越严重,关闸困难,至后来由于河道过度采沙,河床泥沙被掏空,闸下低潮位随之大幅度下降,原本低于河床的闸底板,近年变为高于河底,且高于下游一般低潮位,致使水闸基础的渗透与消能防冲均不能满足要求。桥闸运行至2001年2月,相关部门对该闸水下地形图进行复测,并与1998年实测资料进行对比分析,发现多处深冲坑,河床变化很大,桥闸右岸铺盖齿墙下板桩裸露,流墙末端断裂长3 m。本项目采用信息模型试点项目,要求提供可使用的三维数据,故采用无人机倾斜摄影技术获取本工程项目所需的三维实景模型用于设计修复加固。根据此次项目需求,获取西溪桥闸上游1 km、下游800 m区域范围内(面积约1.8 km²)的正射影像图及桥闸区域的实景三维模型。使用的无人机为小型固定翼无人机和单镜头旋翼无人机。设计飞行角度为正面,背面相机镜头分别倾斜15°、55°、85°,以及-10°航飞。由于获得的原始影像存在色调不一致,部分影像有水雾、几何畸变等问题,因此,需进行匀光匀色、去雾影像畸变矫正等处理,然后用建模软件进行处理,利用倾斜影像制作三维实景模型。这为桥闸后续修复加固提供了可靠的一手资料。

第三节　无人机在水利监测领域的应用

（一）需求分析

对于水利行业而言,水土保持、防洪抗旱减灾、水利工程建设监控等都是水利工程的重要工作。一方面,水利工程规模较大,对水域内水土保持及水土流失情况进行统计,如果单纯依靠人工处理,则不能确保数据的准确性;另一方面,随着河沙需求量的增加,沙石的价格不断上涨,在利益驱动作用下,非法采沙现象时有发生,这人为地加剧了水土流失的局面。随着社会的发展,人们的生态文明意识逐渐提高,国家出台了一批政策,旨在严厉打击非法排污、非法采沙、非法捕捞,甚至包括走私等违法犯罪的船只,但客观上,这些船只体积小,活动灵活,经常在夜间活动,客观上增加了其被发现和抓捕的难度。

一方面,无人机技术与新一代高分辨对地观测系统的有机结合,可以形成具备系统性、高效性特点的一体化水土保持监测评价体系。在大面积水利行业土壤侵蚀定量监测与评价过程当中,无人机航测技术可以发挥积极作用。另一方面,无人机可在夜间监控非法采沙、排污,通过搭载照明或者红外镜头设备,及时监察江(河、湖)面上的船只,发现并靠近拍照及录视频固定证据,为后续工作提供可靠证据。此外,利用无人机开展水土保持治理措施监测与评价,可以帮助水利生产建设项目高效地完成任务,在水土保持监测研究方面取得预期的技术成果。

（二）解决方案

➤ 无人机全自动机场

要想利用无人机获取遥感影像,可以在河道周边部署无人机全自动机场(图 3-11),无人机能迅速到达巡河作业现场,通过高空视角可全方位勘测河道信息,并在巡检河道过程中记录违法行为,根据现场拍摄情况,及时锁定证据,并将数据实时传输回控制中心。

无人机全自动系统能现场部署、自动飞行、远程控制,及时性强,机动性高,节省了通勤成本,通过设定航线自动飞行及远程控制,能解决拍照取证、追踪排查解决人工巡河过程中难以应对的乱倒垃圾、非法排污等问题。

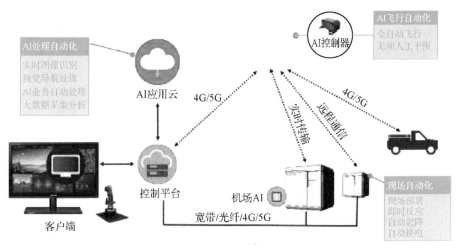

图 3-11 无人机自动机场网络拓扑图(二代)

通过无人机自主飞行平台打造"空中立体巡查"模式,实现河湖管理远程无人机空中巡逻、实时定位、远程图传、实时直播功能;并对影像数据进行智能分析,对水域岸线破坏侵占违法行为、捕鱼游泳等禁止行为及河湖蓝藻等漂浮物进行自动识别并预警,将现场资料通过上传到巡检系统,可实现存储、编目、检索、管理、考核、研判等功能。

无人机全自动机场有以下三个主要功能:

1. 对巡检河段进行日常自动化巡检,沿河道任意指定航线航拍、查寻污染源、实时收集河道污染源信息。

2. 对巡检河段污染源敏感点进行定时定点拍摄。

3. 将数据实时回传至指挥中心,远程监控无人机巡河拍摄画面,出现异常时可切换至手动控制模式,对污染源和疑似违规人员进行拍照取证。

全自动无人机机场具有如下优势:

1. 无人机自动化作业,巡河现场通过全自动机场进行,无须人为干涉,降低人工成本。

2. 现场部署作业,提高巡检效率。

3. 高空视角,不受地理环境限制,全面搜集河面信息,了解河道整体情况,远程锁定异常情况,控制无人机抵近查看并取证。

4. 数据存档,记录并存储每次河道巡检路线及画面,便于后期对比、回放。

➤ 船 只 监 察

利用无人机查处非法采沙等违法船只,可以使用无人机搭载照明设备或者红外镜头。当发现非法船只时,飞手可控制无人机靠近拍照取证,或者提取视频资料。在取证过程中,还可以搭载热成像相机及时记录船只上的人数,通过网络传输把相关证据传输到控制系统,存档、固定证据,为后续工作提供坚实保障。同时,报警给相关执法人员,以便其迅速前往事发地点,抓捕相关责任人。

> **水土流失监测**

利用无人机技术调查土壤侵蚀定量来完成水土保持的研究。由于土壤被侵蚀原因及过程较为复杂,往往会受到多种自然环境及人为因素影响,根据不同土壤侵蚀类型和影响因子,参考土壤侵蚀因子指标,结合无人机遥感技术及常规方法,在 GIS (Geographic Information System,地理信息系统)中存取、表达和计算,完成土壤侵蚀定量的计算。利用无人机获取的遥感图像,对水土流失情况、现状及发生特点和趋势,进行科学分析并及时制定针对性改善策略,加快水土流失治理,确保水利工程的实际效用。

(三)应用案例

✴ 应用案例一

2016 年,西藏自治区拉萨市某区,利用无人机对生产建设项目开展了低空遥感监督监测,共收集了 10 多项水土流失监督监测指标。此次无人机水土流失低空遥感监督监测,共选择了水库、电站、公路、矿业、堤防、市政等类型项目,对弃渣场、取土场、施工现场等重点区域进行数据采集,通过后期三维数字模型重建,利用原始地形图转换的三维数字模型叠加,对其开挖量、堆渣量、扰动面积等进行监督监测。

✴ 应用案例二

2019 年,广东省佛山市水文分局技术人员在经过数月的探索与实践后,成功使用无人机航测完成了白蛇漩险段整治后堤围岸线地形的测量。

无人机测绘具有机动灵活、高效快速、精细准确、作业成本低、适用范围广、生产周期短等特点,能有效替代危险辛苦的传统人工外业工作,打破地理环境限制,大大缩短作业时间。本次测量测区长约 7 km,宽约 100 m,共飞行 6 个架次,总用时约 2 h。而如果使用传统 GPS 走测此区域地形,需要一周的时间。使用无人机测绘还可以将庞大的内业数据处理交给计算机,建立三维实景模型,直观方便地得到测区的地理数据。

本次对佛山重要堤围险段开展的无人机航测,配合了多波束测深系统,高效采集险段岸上和水下地形,进一步积累了险段历史资料和监测经验,促进了重要堤围险段监测的智能化和常态化,为水利防灾减灾和粤港澳大湾区建设贡献了积极力量。

第四章
无人机公共安全应用解决方案

随着航空事业的发展,无人机也得以广泛应用。尤其是在公共安全领域,无人机以其无以比拟的优势而被应用于反恐冲突、群体性安保、边防、消防、海事等领域,并且发挥着重要作用。基于此,本章对小型无人机用于公共安全的可行性进行研究,对小型无人机在公共安全领域的应用进行探讨,以期对于无人机在公共安全方面的应用起到一定的推进作用(图4-1)。

图4-1 无人机助力公共安全

第一节 无人机的交警应用

一、警用无人机装备

（一）需求分析

随着城市现代化的不断发展，车流、物流、人流急剧增加，城市交通突发事件的时间、空间、规模等都有诸多不确定性、复杂性，而交通突发事件的采集方法在有效性上存在不足。

警用无人机具有噪声小、隐蔽性强、可靠性高及易用性大等特点，适合在城市等空间狭小的现场快速部署，尤其适用于对交通事件现场情况的全局掌控，以及对事故现场的拍照、火灾现场勘测、有害物质区域侦查等。

（二）解决方案

警用无人机利用多旋翼无人机设备，搭载高清相机，在 30~100 m 空中获取案件现场的实景影像，通过图像传输模块无线实时传输到地面控制终端。地面接收人员可迅速了解案发现场的实况及周边环境信息，为预案部署、指挥决策提供数据保障。

> **空中全景影像采集**

使无人机飞行至目标现场空中 30~50 m 空中悬停，地面操控人员控制无人机水平旋转，无人机上安装的图像采集设备以 1 张/s 的速度连续拍摄地面 35° 倾斜影像。

> **全景成图**

利用专用的全景图像处理软件，对无人机采集的图片进行加工处理，形成从空中俯视地面的全景影像（图 4-2）。

图 4-2 无人机拍摄的空中全景影像

➤ **应用场景**

刑侦抓捕应用:根据当前罪犯所在区域,无人机可挂载高清相机,立刻飞到事发地上空,对事发场地实施全方位监控(图 4-3),将现场图像实时传到指挥中心。

图 4-3 无人机实施空中监控

➤ **交警应用**

利用无人机搭载的移动摄像头可以进行交通监控、路况巡查、疏导交通,还可以辅助交警执法,减少因机动车违法而造成的高速路拥堵(图 4-4)。

图4-4　无人机实施交通监控

> **大型活动安保**

利用警用无人机实现空中侦察,对警卫安保路线、住地、场所进行空中巡逻监视,并将现场情况上传到指挥中心,使指挥者对现场态势了然于心。

> **重要地点巡逻**

无人机上搭载的视频监控系统,不仅可实现对辖区空域的巡逻,还可以实现对情况不明区域的空中搜索(图4-5)。

图4-5　无人机对重要地点巡逻

(三)应用案例

2015年,河北省承德市警方利用无人机打击所辖区域某村黑恶势力组织聚众赌博、发放高利贷等违法犯罪行为,通过升空隐蔽侦察、定点监控,现场视频回传至指挥中心,现场工作人员利用移动通信信号屏蔽、催泪弹发射、喊话、照明任务等手段进行抓捕。在侦察、监控、抓捕过程中,无人机均发挥了重要作用。

二、空中监视系统

(一) 需求分析

无人机空中监视指挥系统是一套可由多种监控无人机组合搭配构建的监视体系,可以根据不同任务需求、不同监控范围,通过加载不同的任务设备,实现对重点区域的监控和搜索,广泛应用于山地侦察、水面探测、城市扫描、海岸缉私、边境侦查、监狱周边范围的常规监控及紧急情况下的搜索。

(二) 解决方案

系留无人机系统是以多旋翼无人机为平台,通过专用电源系统、特种定制电缆供电,可实现在一定载荷下长时间悬停在 100～500 m 的空中,搭配不同的载荷,实现远距离通信中继、通信覆盖、视频侦察监测、气象监测等。

作为通信覆盖、通信中继及监测平台,系留无人机平台对地通信容量及通信可靠性至关重要,光缆通信是不二之选。系留无人机依靠地面有线供电,而无人机功率高达数千瓦,供电线缆重量极大地制约无人机的有效载荷,有效的解决办法是提高传输电压。另外,系留无人机能强势助力安防、安保等工作。

系留无人机平台除了能挂载基站,在应急通信中有一番作为外,还可以搭载双光吊舱、高倍摄像机、强光照明系统、监控系统等负载,以实现高空照明、空中定点监视、远距离通信,保障会场及人员安全。

系留无人机监控侦察系统能将会场实时动态以影像、音频等形式通过光纤传输数据至地面保障指挥中心,以排除潜在隐患,或对数据信息进行深入分析、判断;一旦出现事故及隐患,保障中心将会提前预知或第一时间获取形势动态,以便快速制定应对策略,采取紧急处理措施(图 4-6)。

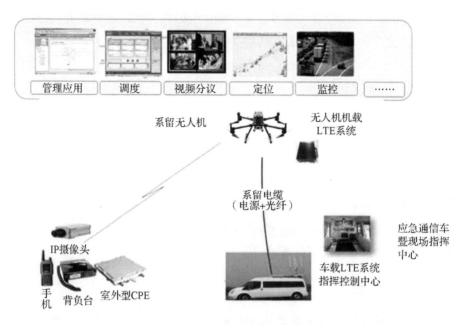

图4-6　无人机监控侦察系统

注:LET 全称为 Long Term Evolution,意为通用移动通信技术的长期演进;CPE 全称为 Customer Premise Equipment,意为客户前置设备。

（三）应用案例

"2018 资源国际漂流精英挑战赛暨体育文化周"在广西壮族自治区桂林市资源县举行,赛事期间,资源县公安局调用系留无人机升空平台,对本次国际赛事进行全程视频监控。系留无人机升空平台的视频监控图像,通过 4G 信号实时传送到手机端,并实时回传到综治中心主屏幕,为安保组的研判、调度、指挥提供了科学依据和现代技术手段,确保了安保的各项工作有序进行。

三、空眼 V2.0:无人机管控平台

"空眼"平台负责整个管控范围内的各类无人机管控数据的采集、接入和汇聚,并对各类信息进行融合,生成告警数据及专题产品数据,对威胁事务进行处理,最后通过展示系统进行展示,做到全面管控该范围内的防范态势总体情况。

"空眼"平台由 12 个子系统组成:信息接入汇集系统、信息融合处理系统、威胁评估告警系统、综合态势展现系统、基础数据管理系统、指挥调度系统、数据挖掘分析系统、信息分发系统、技术支持保障系统、数据管理维护系统、App/公众号和测试训练系统(图4-7)。

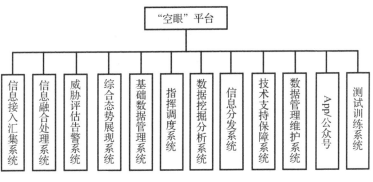

图 4-7 "空眼"平台总体功能结构图

第二节 无人机的特警应用

(一)需求分析

无人机、视频监控、应急指挥调度、网络监控等高科技手段的应用,有效加快、加强了对犯罪案件的侦破力度。但是,公众对公安机关的办案效率要求也越来越高,各类犯罪案件手法越来越隐蔽。随着社会的不断发展,犯罪手段越来越先进,为防范突发事件、保证人民生命财产安全和维护社会稳定,在社会公共场所处置突发事件和防范犯罪等方面越来越需要借助高科技手段。无人机作为一种新型高科技设备,其在公安部门日常任务中的应用将会极大地提高处置效率和水平,对科技强警具有极大的意义。应用无人机进行缉毒巡检、抓捕罪犯,能够执行一些以往只能由警用直升机才能完成的任务(图4-8)。无人机在街巷侦察的时候,可以取代部分巡视员的工作。在缉毒作业时,带有专用红外传感器的无人机能在很大程度上减轻警犬的负担。

为响应"强化战斗力、提高遂行力、拓展救援力"的口号,无人机已成为人武部民兵日常训练的必备之课,无人机具有应急快、反应迅速、操作简单、续航能力强的优势,在遇到重大险情灾情时,可克服交通、环境等限制,协助执行侦察、抢险、救援等应急动员任务。

图4-8　无人机协助特警抓捕罪犯

（二）解决方案

> ### 无人机移动监控，空中收集信息

此套系统将信息采集模块和无人机有效地结合，在视线不清或视线受阻的情况下，通过空中信息采集定位系统，可以准确采集到目标范围内的人员信息，并将数据提供给警方进行筛选（图4-9）。

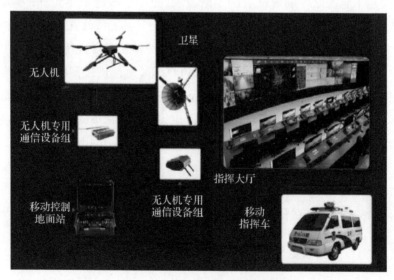

图4-9　无人机的移动监控系统

➤ 模块荷载功能,灵活解决警用执勤问题

通过对警方执法的深入了解,我们发现警方经常有对聚众闹事区域警告、对被困人员营救、对犯罪嫌疑人喊话警告等需求。基于这些行业诉求,经过多次应用实践,目前警方已经推出了包括机载矩阵探照灯、机载探照灯、机载抛投箱、机载多功能喊话器等功能荷载模块。警方可根据具体警用执勤需求选择这些模块,提供抛投物资、喊话警告或疏导、夜间强光照明等功能。

在多次配合警方执勤的过程中,我们发现警方有时需要同时具备多种荷载功能,针对这个问题,警方已推出了无人机多功能吊舱,集喊话、投掷、探照、警灯成为一体,可高效、便捷地应用于警方执法中。

1. 可视化数据管理后台,实现多机集群管理

无人机远程指挥调度系统,整合大疆无人机的图像和数据资源,通过管理后台实现无人机集群作业、统一指挥调度、多机航迹规划、飞控数据采集、视频会议等功能。当发生大型群体事件、大面积地毯式搜索、边境巡防、特警反恐维稳时,无人机作为警用的辅助工具,前端进行图像数据采集、多任务荷载,后端通过中飞无人机管理平台对无人机下达作业任务,助力警方高效、灵活、智能地完成任务。

2. 其他功能

如图 4-10 所示:

| 4G图像通信系统 | 实时成像系统 | 3D电子沙盘 |

图 4-10　无人机多功能吊舱的其他功能

➤ 治安巡查

无人机搭载高清晰度摄像头,可获得360°无死角视野,弥补固定视频监控和人员巡查可能遇到的监控死角的不足。无人机具有较强的机动性和灵活性,面对突发情况,可以紧急出动,全方位监控地面或空中的可疑情况,当突发状况发生时,可以将现场出现的任何细微变动第一时间图传到指挥中心。

➤ 安防警戒

在大型会议、赛事等重大活动期间,往往要对会场周边进行严密的安防布控,以确

保安全。除了地面的军警和装甲车辆之外,空中也需要部署相应的安保力量以确保最大的安全系数。相对于传统的直升机,无人机小巧轻便,易于操控,可以快速实现部署,通过搭载的高清摄像头可以实时监控地点安保范围内的全景动态,通过快速更换搭载的各种功能模块,也能够对可能出现的各种突发情况做出迅速的反应。

在应对人群聚集、突发性群体事件的时候,无人机可以通过搭载喊话器进行空中喊话,以便通过覆盖大范围的人群,传递政府信息,控制事态发展。在重特大事故当中,携带喊话器的无人机可以第一时间到达现场,疏散人群,并进行大范围的交通疏导。

➤ 监侦系统

随着公安地理信息系统(Police Geographic Information System,PGIS)的建设,智慧警务的发展将会越来越迅速。警用无人机在现场高空拍摄到图像和视频后,通过无线通信链路传输到地面情报站,可通过专用有线网络与指挥现场的移动警务前置机形成数据通路,然后借助5G网络及公安部门专用的 USB(Universal Serial Bus,意为通用串行总线)数字证书,把数据输入公安内网的数据库中。而这一切,都需要依赖巡航时间足够长、拍摄画面足够稳定、可靠性足够高的专业警用无人机。

➤ 缉毒巡检

无人机侦查毒品种植地、缉查毒品是由于其搭载了多光谱相机,利用罂粟与其他植物不同的光谱响应原理,对种植罂粟的地区进行侦查识别。同时,无人机也可以利用人与周围物体不同的红外线反射原理,在荒漠、山林等地区对犯罪嫌疑人和受困群众进行侦查或救援。无人机在低空进行航拍,可以在短时间内大范围进行搜索,节约人力、物力。不仅如此,在大范围的搜索过程中,无人机可以对地表物品情况进行客观分析,通过红外或光谱数据搜索到靠肉眼难以发现的人和物。

➤ 民兵训练

民兵无人机可以执行抢险救灾、森林防火、防化救援等应急信息中的侦察任务,一旦发生险情,则派出无人机飞抵人员无法接近的现场上空,拍摄现场照片和视频。通过无线网络传输进入动员分析数据库,供指挥部决策参考。战时则可以为部队提供侦察、监控有效数据,以取得战场上绝对的信息优势。无人机的组建,将提升民兵执行多样化军事任务的能力。结合民兵组训,有针对性地对民兵无人机分队进行军事专业技能训练,使民兵队伍最大限度地实现军事、经济、社会效益三丰收(图4-11)。

图 4-11 民兵们正在探讨对无人机的使用

（三）应用案例

❋ **应用案例一**

2013 年,无人机参与"雷霆"扫毒行动,根据热感成像侦察技术拍摄了大量清晰而准确的热成像图,为指挥部提供了精准的信息,一举摧毁 18 个特大制贩毒团伙,抓捕犯罪成员 182 名,捣毁 77 个制毒工厂和 1 个炸药制造窝点,缴获大量毒品和制贩毒工具。

❋ **应用案例二**

2014 年 8 月,警用无人机飞行侦查小组远赴新疆参加新疆反恐搜捕工作。连续对目标区域进行夜间航查,有效缩小包围圈约 170 km^2,排查青纱帐等茂密农作物约 1.13 km^2,并成功定位了嫌疑目标暴恐分子的藏身之地。

第三节 无人机的海关应用

（一）需求分析

受巡逻船客观条件的限制,利用巡逻船开展巡航存在视程短、反应慢,难以把握整体态势,对违法船舶无法进行持续有效跟踪,对一些违章行为无法继续取证和处理等问题。而无人机高速、高效的优势可以有效地弥补执法舰船速度方面的不足。尤其是在调查取证和应急反应方面,通过使用无人机,可以保证反应的快速性和调查的及时性,防止肇事船舶逃逸,机载的摄像、摄影设备还可以记录和保存证据,便于调查处理。

执法人员利用无人机开展高空执法,具有覆盖面大、效率高等特点,结合海域周边环境,严密制订无人机巡查方案,对无人机起降位置进行精准选址定位,对海域情况进行有效监控。

(二)解决方案

➢ 海事执法

无人机不仅可以无障碍解决案件查处中的监管盲区,还能精准定位执法巡查死角,实时传回图像,有效克服船舶执法的弊端,提高执法效率(图4-12)。在查处某海域违法行为的过程中,执法人员利用无人机对整个违法现场开展多角度拍摄取证,直观地看到当事人违法情况。

图4-12 利用无人机开展海事执法

➢ **海域巡查**

无人机配合海巡船艇联合执法,海巡船在巡航过程中,若发现来历不明,而又在短时间内不好靠近的船只时,可派出舰载无人机对其进行调查取证,将拍摄信息直接传回巡航船艇,船艇人员据此判断下一步应采取的动作。

从以上两种典型无人机应用场景的分析可以看出,引入无人机以后,海事立体巡航模式必然会大大提高海事任务的执行效率(图4-13)。当然,对海事立体巡航模式的研究尚需进一步深入,这也依赖无人机在海事系统的逐步实施和应用。

图 4-13 利用无人机开展海域巡查

(三) 应用案例

2017年5月12日上午,南沙自贸区智慧海事(无人机)服务队成立仪式在南沙海事处举行,这标志着全国首个自贸区海事无人机服务队正式成立。仪式结束后,服务队进行了无人机编队巡航,对小虎化工区、虎门轮渡、虎门大桥桥区水域等重点监管对象进行巡航检查,并把情况实时传输到地面控制站,累计出动无人机6架次,巡航时间超过2 h,巡航里程超过20 km,取得了良好的效果(图4-14)。

图 4-14　利用无人机开展海面巡航

第五章
无人机城市管理应用解决方案

随着经济的发展,在城市基础设施建造方面,测绘技术的发展越来越重要。人工测量既耗时又费力,准确度还不高,而无人机技术的开发与应用不仅使测量变得简单,而且准确度也有了显著的提高(图5-1)。

航摄相机

后差分模块

图5-1 无人机的测绘应用

第一节 无人机在城市规划领域的应用

（一）需求分析

城市规划是研究城市未来发展、城市的合理布局和城市各项工程建设的综合部署，是城市建设和管理的依据。现阶段，我国城市建设发展飞快，传统的手工测绘模式已无法满足城市建设用地测绘的需求。而无人机的倾斜摄影技术，可以快速生成实景三维模型，对城市建设用地进行智能规划，增强城市用地的利用率，并推动智慧城市的建设发展。

（二）解决方案

城市规划的一个很重要的环节就是分析规划方案和周边环境是否协调。无人机生成的实景三维模型是真实世界的场景还原，这样一个场景的还原更有利于对规划方向的整体掌控。

无人机实景三维建模是运用倾斜摄影技术，再通过专业软件处理生成实景三维模型，使测绘更加真实、快速和智能（图5-2）。

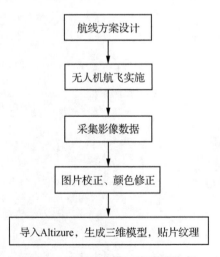

图5-2 无人机实景三维建模技术

在该模型中，城市规划人员将规划设计方案与周边场景进行比对，判断建筑形态、高度、天际线、空间尺度等，将获得身临其境的感受，能够及早规避和处理规划方案中的不合理、不协调，从而为规划方案的确定提供有效的技术支撑，对规划辅助决策有极大的辅助作用。

（三）应用案例

✳ 应用案例一

2013 年 10 月，湖南省邵阳市国土资源交易中心的前身原邵阳市房产产权监理处成立了相关科室，专门负责无人机数据采集、处理、更新、共享。此后近 3 年，无人机立下了汗马功劳——飞行 280 余架次，累计处理 3 000 km² 以上航拍数据。以此为基础建立的历史空间影像数据库，覆盖市辖 3 区及部分所属县，保存了不同时期的遥感影像和房屋现状图片。这就丰富和完善了登记历史信息数据，降低了不动产登记领域测绘图形建库成本，缩短了建库周期。

✳ 应用案例二

2020 年，苏州中飞遥感服务有限公司运用无人机实景三维建模技术对江苏省南通市经济开发区搭建实景三维模型，并在模型的基础上进行智能测绘和规划。使用无人机从不同角度采集影像，从而获取真实地物信息。为提高最终的成像质量，在采集图像时航向重叠也控制在 75% 及以上，旁向重叠也控制在 75% 及以上。在建模的过程中，经过图片匀光处理、区域平差联合处理、颜色校正，将所得结果导入 Context Capture 软件，整合得到该开发区的实景三维模型（图 5-3）。实景三维模型的建立，为后期空地规划提供了极大的便利。

图 5-3　南通市经济开发区实景三维模型

第二节 无人机在城市管理领域的应用

一、违章建筑监察

（一）需求分析

对城镇违法用地和违章建筑的监察是土地利用管理工作的重要组成部分，严厉查处违法用地和违章建筑是建立城市合理管理秩序、实现城市有效规划的重要保证。目前对土地的执法监察处于传统的人工作业阶段，实行分区定期巡查，存在工作效率低等问题。随着城市化发展速度的提高，城市建设速度的加快，利用信息化手段完成对土地违法用地案件的监察和上报工作，土地执法监察工作规范化、信息化、程序化已经成为现代化数字城市的必然趋势。

（二）解决方案

无人机高空巡查，可帮助城市执法人员迅速发现屋顶、胡同等地面视觉死角的违章情况，结合中飞遥感应用的智慧城市管理软件，可以直观地计算出违章建筑的面积、体积、高度等相关数据，为城市执法工作提供有力保障（图5-4）。

图5-4 无人机查处违章建筑

应用无人机遥感对比技术，可实现空中观察。通过收集最新两个时间段内的遥感数据，对数据进行对比，除了可以快速、准确地提取近期国土开发利用的动态信息外，还可以查清一些建设增长用地过快、违规违法用地的问题。因此，无人机遥感监测就像天眼，实时监测国土的变化，国土资源应用无人机遥感技术手段已由阶段性的工作转变为常态性工作,在国土执法监察的预防和警示违法反面发挥着重要的作用。

另外,可以建立执法监察综合数据库,实现网上管、地上查。网上管是指基于基础地理数据、遥感影像数据、土地利用现状和规划数据及矿业权数据等,建立适用于国土资源执法监察的综合数据库,应用 GIS 技术构建统一的国土监管平台,实现以图管地。地上查是指通过无人机 GIS 系统,确定监测目标,利用集成 GPS 定位,无线数据通信等移动终端,开发国土资源移动执法信息系统,实现对执法现场的准确定位、对执法信息实时快速搜集、执法信息的网络通信等特定功能,支撑基于远程传输技术的移动式现场执法。

(三) 应用案例

❋ **应用案例一**

2020 年,江苏省南京市溧水区开发区为解决违章建筑快速检测问题,委托中飞遥感开发了基于卫星遥感 + 无人机影像的智慧控违系统。该系统以 0.5 m 分辨率遥感数据作为城市管理的基础底图,并在此基础上实现多期数据的更新,根据两期数据对比,制定提取标准,提取疑似变化图斑。提取变化图斑包括机器自动识别疑似变化图斑、人工判别筛选补漏、无人机现场核实采集证据三个步骤(图 5-5、图 5-6、图 5-7)。该系统为城市违章建筑的快速检测、违章执法取证提供了有效的管理手段。

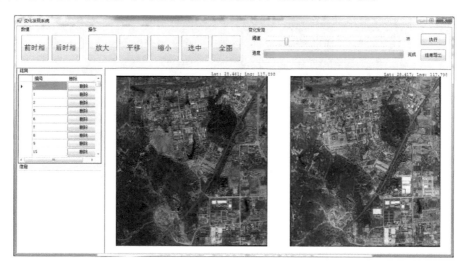

图 5-5 机器自动识别疑似变化图斑

图 5-6　人工判别筛选补漏

图 5-7　无人机现场核实采集证据

❋ 应用案例二

　　2019年,山东省临沂市兰山区自然资源局为了改善以往查违过程中使用卫星影像和人工标注,每三个月才能完成一次核查的现状,使用了深空5G慧眼国土智能巡查平台(图5-8)。该平台可以对国土执法工作中违法占地、违法建设等详细工作内容实现全方位、立体化、移动式监控及处理。通过人工智能对卫星、无人机拍摄的影像数据自动识别和处理。当地国土部门受到市(省)国土上级单位的认可,并呼吁其他区级国土部门学习。

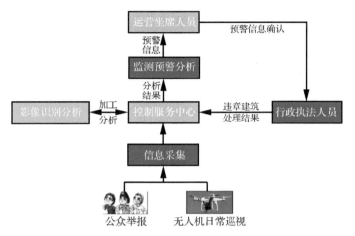

图 5-8　5G 慧眼国土智能巡查平台系统结构

二、城市管理

（一）需求分析

在城市建设迅速发展的同时,城市管理相对滞后的问题日益突出,已在一定程度上制约了建设效益的发挥,阻碍了城市化总体水平的提高。尽管城市管理人员一再努力,面对管理力量少、管理办法少、执法保障少、群众理解支持少,以及城管执法取证难、执法难、根治难等一系列问题时仍然束手无策。无人机应用在城市管理日常工作中,有效地解决了城管所面临的难题,让市容脏乱差、违章搭建、垃圾死角、绿化盲区等城市乱象无处遁形。

（二）解决方案

无人机巡查在城市管理中,可以快速实时检查曝光出以下城市顽疾。

➢ 违章占道经营

违章占道经营具有位置分散和流动性大的特点,日常的地面巡查每次巡逻的区域有限,巡逻速度也相对较慢,人力成本高。使用无人机进行空中巡查,可以借助无人机宽广的视角,在较大区域内迅速识别或锁定占道经营情况,并进行实时录像、拍照取证。

➢ 建筑垃圾违法倾倒

随着城市建设的发展,越来越多的建筑垃圾随意倾倒的现象出现,通过无人机进行高空巡查,可以快速有效地发现违法倾倒的行为,同时借助无人机大宽广视角对周边的可疑渣土车辆进行快速的识别和跟踪,确定建筑垃圾源头。而对于夜间的违法倾倒行为,可借助热成像相机,对违法车辆进行识别。

> ### 市容市貌检查

无人机高空巡查,可以帮助城市执法者迅速发现城市中的垃圾堆积处和卫生死角,从而在提高巡查效率的同时节省大量人力物力(图5-9)。

图 5-9　无人机市貌检查

(三)应用案例

❋ **应用案例一**

2018年7月,山东省临沂市兰山区城市管理局为解决城市巡查效率低下、耗费人力多等问题,对辖区南京路与马鞍山路汽车北站、人民医院(北城新院)、沂蒙路济南路北沿街等路段进行无人机巡查。在累计2 h的无人机巡查中,约巡查面积1 km²,传回的数据共发现城市管理问题10余种类(图5-10),为城市管理提供了便捷高效的解决方案。

河堤垦种　　　　　　　　　　　路灯不亮

乱堆物堆料　　　　　　　　　　垃圾违规堆放

图 5-10　无人机市容监察

❋ 应用案例二

2020年,为了增强城市管理的立体化执法能力,苏州市姑苏区建立了空地一体化视频综合应用云平台。平台采用无人机巡查和配合取证方式,将城市综合管理部门对无人机、固定摄像头、综合执法仪等视频监控设备的应用需求有效整合起来,建立一个空地大数据采集、智能挖掘、数据共享的平台(图5-11),对空中和地面的视频监控资源进行综合应用及统一管理,更好地服务于城市综合管理工作。

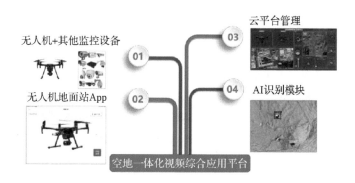

图5-11 空地一体化视频综合应用云平台

第三节 无人机在城市网格化管理领域的应用

(一)需求分析

根据城市网格化管理办法,城市网格化管理是指按照统一的工作标准,由区(县)人民政府设立的专门机构委派网格监督员对责任网格内的部件和事件进行巡查,将发现的问题通过特定的城市管理信息系统传送至处置部门予以处置,并对处置情况实施监督和考评的工作模式。网格化管理机制能够在充分了解民众诉求的基础上,优化突发事件应急处置机制,及时对社会矛盾做出预警,合理解决矛盾,对维护社会稳定具有重大意义。

(二)解决方案

➢ 地理信息数据采集

在城市社区网格化管理中需根据其所管辖区域的居民数量、分布特点及地理位置等实际情况,建立细化到街道层面的社区网格地图。在建立社区网格地图中,无人机可搭载可见光设备对社区进行地理信息数据采集,为社区网格地图提供及时动态的地理信息(图5-12),也可通过地理信息的比对发现违法搭建、毁绿占绿等事件。

图5-12 无人机采集地理信息

网格监督员对于巡查中发现的部件、事件问题,应当通过拍照或者摄像等方式,即时将相关信息报送区(县)城市网格化管理机构予以立案。对于巡查中发现的能够当场处理的轻微问题,网格监督员应该当场处理,并即时将处理信息报送区(县)城市网格化管理机构。随着城市不断向高层延伸,高层违法搭建、餐饮油烟污染、墙面污损等事件通过手持设备很难获取有效信息,无人机灵活机动,能在空中完成悬停,并对建筑高层进行拍照或者摄像以取证,通过无人机获取的高清影像数据可对违规违法事件进行有效的记录。

大屏视频监控系统可将视频监控探头、无人机、移动车载视频实时接入。可远程发送无人机任务指令,并与地面巡查人员进行联动,可通过画面实时显示地面人员信息,并且通过指挥平台将空中实时信息发送给地面巡查人员。如发现违法违规现象,可及时协调地面人员进行处理。

➢ 远程通信指挥

在社区内建立无人机信息远程传输平台,通过4G(有条件的地方可以通过5G)网络通信,网格巡查人员及后台指挥人员可实时接收无人机回传信息。

➢ 无人机自主巡查

建立网格化无人机值守站,设定航线后的无人机可自主完成巡查等任务,后台指挥无人机可实时监控飞行状态及发送任务指令。后台指挥平台可集群控制,自主协同多架无人机进行协调工作。

> **监控人员实时发现**

地面人员可以通过手持移动设备上传飞行任务,协调无人机对发现事件进行拍照、录像。

建立无人机信息系统数据库。对无人机日常巡查保存的视频、图片进行管理。通过数据对比分析发现违法违规事件(图 5-13)。

| 占用前 | 推平土 | 硬底化 |

图 5-13 无人机日常巡查

通过指挥调度平台将社区视频监控探头、无人机、移动车载系统等有效配合,真正实现辖区视频监控全域覆盖、全时可用。通过网格化部署无人机,规划预设作业路线、定时定点自动完成作业任务,多架无人机协同作业大大提升巡查监控效率。无人机凭借空中视野可实现立体监控体系,凭借高机动可对突发事件应急处置。无人机的加入能有效提升社区网格化管理效能,填补网格化综合管理平台在城市管理中人力、物力、效率方面的短板。

(三) 应用案例

2019 年,深圳市宝安区石岩街道网格综合管理中心运用无人机航拍技术,对辖区内山边林地、绿道周边、建筑工地、空置厂房,以及日常巡查中网格员出入不便的平台楼宇,开展全方位、立体化、无死角高空航拍监测。针对巡查中的安全隐患点、山地火点,中心立即组织网格员到现场核查隐患情况,解决问题,确保隐患巡查不留死角。[1]

---

[1] 蔡宇晴. 智能巡查,不留死角,无人机助力网格巡查[M].南方都市报,2019 – 12 – 27.

第四节　无人机在智慧小区的应用

（一）需求分析

智慧小区三维可视化展示和管理平台,整合了三维可视化技术、三维GIS技术、倾斜摄影技术等多项顶尖技术,通过对小区进行无人机倾斜摄影航拍,对数据进行建模,得到整个小区的真实三维倾斜摄影模型,通过三维GIS技术,实现对倾斜摄影模型的属性信息和空间信息查询,结合视频监控及移动端设备,可以对整个小区的情况进行实时动态查询和管理,让物业服务变得更加优质和高效,小区居民充分享受到三维数字技术所带来的便利。

（二）解决方案

➤ 小区建筑及设施三维可视化管理分系统

平台支持多种类型数据的展示、漫游浏览和管理,通过无人机挂载五镜头相机拍摄的倾斜摄影小区真三维模型,物业及相关管理部门可以对小区内的所有物体对象进行浏览和查看,充分掌握小区内公共设施的相关情况,通过三维模型建模,可以增加或减少小区内公共设施设备,便于数据的更新和维护(图5-14)。

倾斜摄影数据　　　　　　　　　　　　三维模型数据

图5-14　小区真三维模型

➤ 小区地下管网三维可视化数据管理分系统

平台不仅支持地面小区建筑物及公共设施的三维可视化展示和管理,而且可以对小区内的地下管网进行三维可视化展示和管理(图5-15)。

<table>
<tr><td>调整地面透明度</td><td>地下俯视视角</td></tr>
</table>

图5-15　地下管网三维可视化展示

➢ **小区视频监控三维可视化管理分系统**

通过接入视频实时监控,将视频监控部署在小区的各个重要卡口位置,通过门卫保安室、物业管理处、小区行政直属部门的三级同步管理,对小区内24 h的活动情况进行监控管理,达到预防及应急的目的(图5-16)。

图5-16　小区视频基于无人机拍摄的三维模型可视化展厅

➢ **小区车辆自动识别三维可视化管理分系统**

车辆驶入车牌摄像机抓拍区域触发地感线圈。车牌识别系统自动抓拍车辆的图像并识别出车牌号,然后通过检索数据库得出车辆类别。通过车牌号数据来判断是否为内部车辆,做到道闸自动开启。外来车辆经历人工确认、黑名单比对、闸机放行等环节,与此同时车牌识别系统会记下车辆进入时间。整个过程自动完成,无须工作人员干预。车辆一直处于行驶状态,无须暂停(图5-17)。

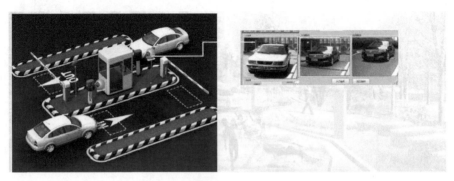

图5-17 车辆自动识别三维可视化

化工厂化学品检测工作文件,供指挥决策人员做出合理的判断,并且无人机可以搭载灭火装备或者其他可以与化学物品发生消解反应的物品,避免因人员靠近而产生的危险。

82

(三)应用案例

广立信息联合中飞遥感,在江苏苏州、常州、南京,新疆维吾尔自治区等地进行了大量智慧社区的应用建设。基于航飞三维数据进行二次模型重建,智慧社区平台利用人工智能和物联网的手段,动态感知社区的人、房、车、单位等信息,链接公安、消防、民政、卫生等多方政务服务,有效提高社区管理水平,打造可视、安全、有序、智能、便捷的社区生态环境(图5-18、图5-19)。

图5-18 智慧社区数据服务平台

图 5-19 智慧社区运维平台

第六章
无人机自然资源应用解决方案

第一节　无人机在自然资源领域的应用

■ 一、堆场盘煤

（一）需求分析

储煤场的存煤盘点监管是各生产煤矿、港口及火力发电厂等企业安全管理的重要工作之一，同时也是企业生产管理、运销调度及成本核算的重要组成部分。目前对堆体测量，主要依靠全站仪、盘煤仪、GPS 等测量仪器来实现，相较于更早之前的完全依赖人工使用皮尺丈量，这些测量手段已经有了长足的进步。但是，如今有更高效、更高精度的测量方法：使用无人机测绘并建模。无人机可以预设航线，在作业区域上空自动作业采集数据，采集完数据后可导入 GIS 系统，一键生成点云及三维模型数据，并据此进行空间距离、体积的测量，或者进行斜面等不规则堆体面积的模拟测量，为工程建设规划和生产作业等提供精确的数值参考。

（二）解决方案

无人机智慧堆体测量系统是一套通过无人机飞行平台携带激光雷达载荷，完成对目标堆体的航测任务，经过后期软件处理完成三维点云立体图像，从而完成堆体的精密计算，得出测量结果的系统，然后将点云数据导入软件中自动计算（图6-1）。

图 6-1 云数据计算

　　如果没有相关堆体测量系统,可以通过 CASS 软件来进行堆体的体积测量,如图 6-2
所示:

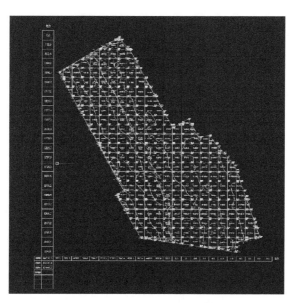

图 6-2 CASS 软件进行体积测量

根据测量数据,生成相对应的报表,供后期客户应用(图 6-3)。

无人机盘料数据报表

基本信息

堆料名称	1号	日期	
开始时间	14:00	结束时间	14:24
操作员		监察员	

燃料库存三维视图

燃料库存盘点结果

体积/m³	14 398.84	密度(t/m³)	1
重量/t	14 398.84	最高(m)	6.13
最长/m	134.83	最宽(m)	52.65
占地面积/m²	8 046		
物料描述			

主管签字		领导签字	

图 6-3　测量数据报表

（三）应用案例

✳ 应用案例一

为准确计算露天储煤场储量,安徽省淮北市国安电厂使用国内先进的激光雷达盘煤系统(通过激光盘煤仪装在斗轮机上进行盘煤)进行测量。通过无人机搭载 4K 高清相机与高精度 GPS 在露天储煤场上方飞行 8 min,获取 86 张分辨率为 4 000×2 250 像素,并且含有高精度三维地理信息的高清图像。在获取图像时,记录每张图像的 GPS 定位数据,并要求每一张图像与前一张拍摄的图像都有重合,以便于图像之间的特征匹配。

将无人机所拍摄的图片等数据导入地面站数据处理分析系统,通过图像的特征提取与匹配、稀疏重建和稠密重建三个步骤获得露天储煤场的三维模型,如图 6-4 所示。淮北国安电厂露天储煤场分为 2 个小型煤场。地面站系统中的体积计算模块通过获取图像时记录的 GPS 信息计算出三维模型的体积,从而计出煤堆体积。所计算出两储煤场体积等数据如表6-1所示。

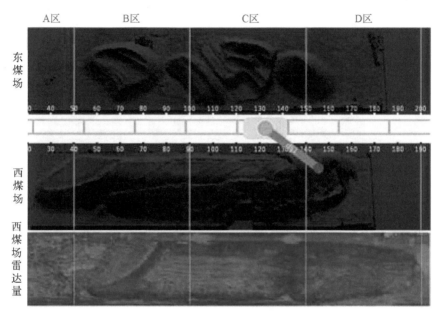

图6-4 储煤厂三维模型

表6-1 东西煤场所得体积等数据表

	长度/m	宽度/m	封闭三维面积/m²	投射二维面积/m²	总体积/m³	误差/m³
东煤场	168.17	38.56	5 785.23	5 783.76	14 562.34	108.33
西煤场	214.80	43.03	8 990.52	8 987.81	21 766.72	192.28

通过对比,该实验结果与露天储煤场的煤炭进出量详细记录(理论存煤量),误差在 108 ~ 192 m³。

✱ **应用案例二**

镇海炼化是中国最大炼煤厂,居世界第17位。作为主要的生产原料之一煤炭,原先测量的设备皮带秤误差超过10%,相应地,其报表中的储煤量误差也非常大。采用智能料场存量管理系统后,可在 10 min 内精确测量当前储煤量,误差小于0.5%。智能料场存量管理系统以激光扫描为核心,在保持系统稳定性、测量准确性和计算正确性基础上,同时具有三维显示、料场图形旋转、报表输出、数据网络发布、数据共享等完备的功能,为煤场入、耗、存数量管理提供数据基础,满足企业信息化发展的需求(图6-5)。

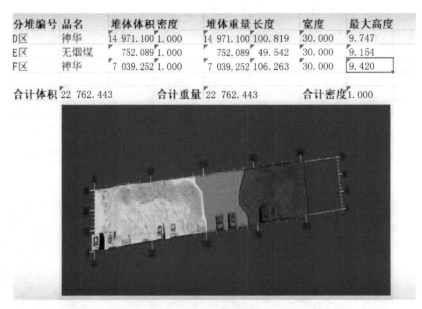

分堆编号	品名	堆体体积	密度	堆体重量	长度	宽度	最大高度
D区	神华	14 971.100	1.000	14 971.100	100.819	30.000	9.747
E区	无烟煤	752.089	1.000	752.089	49.542	30.000	9.154
F区	神华	7 039.252	1.000	7 039.252	106.263	30.000	9.420

合计体积	22 762.443	合计重量	22 762.443	合计密度	1.000

图 6-5　镇海炼化厂煤堆数据

二、矿业测量

（一）需求分析

矿产资源是推动国民经济发展的有力支撑,为了保证矿产资源开采的合理性及安全性,做好矿山测绘工作具有极其重要的作用。然而,从目前我国矿山测量技术水平来看,仍存在较多问题亟待解决,传统矿山测量模式已无法满足实际测绘需求。

过去的矿业测量主要采用人工架设测量。要想对空间尺度超过 40~50 m 的空区进行扫描,技术人员必须携带笨重的扫描设备走到空区边缘,手持延伸杆,将设备探入空区进行测量。这种传统空区测量方法对人员和设备来说具有很大的危险性。因此,急需一种先进的矿业测量手法。

（二）解决方案

➢ 矿产资源测量

开展矿山测绘的工作过程当中,需要科学利用无人机航测技术。无人机倾斜摄影测量技术在矿山测量中应用的主要步骤包括:

1. 飞行计划编制。根据测绘区域地形地貌特征、气候条件、植被发育程度、踏勘现状、无人机型号等制定合理的飞行高度、旁向重叠度和航向重叠度等参数,制定飞行时段等。

2. 地面控制测量。像控点的布设应根据地形地貌变化规律做出适当的调整,在植被发育、地形变化较大区域像控点密度适当增加,在地形平坦、植被不发育的区域像控点密度适当降低。

3. 影像数据获取。在完成飞行计划及像控点布设的基础上,按照制定的飞行技术获取航空影像数据,对每天拍摄的影像数据资料进行检查,若质量不达标,则需重新拍摄,直至每天获取的影像数据均符合质量要求为止。

4. 空中三角加密测量。在影像数据预处理的基础上进行空中三角加密测量。虽然无人机倾斜摄影测量技术实现了多角度、多方位获取影像数据,有效地降低了测绘留白问题,但是在测绘过程中不可避免地因高大建筑物、地形地貌、植被发育程度等影响,出现测绘留白,局部区域的测绘精度无法满足矿山测量的基本需求,此时需要借助航空拍摄过程中自动存储的 POS(Position and Orientation System,意为定位定姿系统)数据进行方位元素的预测计算,进而消除因测绘留白问题造成的精度降低问题。

5. 地形成果图件输出,在核对无误的基础上根据比例尺要求输出成果图件。

> **矿洞坑道测量**

无人机在室外飞行时主要依靠卫星信号进行定位,其飞行控制系统根据接收到的卫星定位信息快速调整各个旋翼的相对转速,使无人机保持稳定的飞行姿态。而在室内,由于建筑遮挡等原因,卫星信号弱,定位不准确,无法安全飞行,因此,无人机室内飞行可依靠激光 SLAM(Simultaneous Localization and Mapping,同步定位与建图)技术。室内相对较为狭窄,通常含有墙壁或其他界限,边界明显,SLAM 无人机发射出的激光束易反射回收。利用激光扫描周边环境,形成虚拟地图,易于构图。

目前世界上已经出现了能够用于实战的室内外地空一体化 SLAM 无人机扫描系统(图 6-6),结合无人机、激光扫描和 SLAM 技术,实现了无 GPS 信号条件下的三维激光点云数据快速采集,能够在包括露天、户外、室内、地铁、坑道等各类空间内进行三维数据采集,点云数据精度可以达到厘米级。

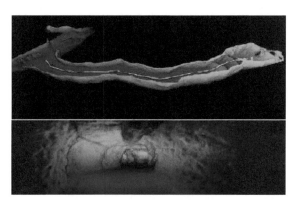

图6-6 基于 SLAM 无人机扫描系统

整套设备包括一台小型电动旋翼无人机、一个强大的激光雷达传感器和机载计算设备。只需将无人机放在需要测量的空区位置附近,就可以远程操控起飞、扫描,几分钟后带着构建高度详细地图所需的数据返回。该系统可以同时执行实时导航和地图绘制工作。

利用三维实景模型成果可量测坐标、距离、面积和体积(图6-7)。

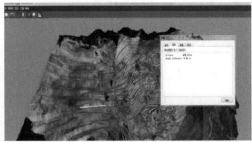

图6-7　利用三维实景模型成果量测三维坐标、距离

> ### 矿区地质灾害监测

矿区的地下开采活动对地表建筑物、地形与地貌、耕地与植被、景观等生态环境产生了巨大的影响,带来诸如平地积水、道路裂缝、房屋倒塌、地表水系破坏、耕地沙化、农田减产等一系列灾难性后果。利用无人机遥感技术监测矿区地表沉陷扰动范围,对地表沉陷控制模式及生态景观保护与重建有重要意义。

(三)应用案例

矿产资源测量。杨青山等使用无人机对新疆维吾尔自治区内2个地区的矿山进行了矿山储量评估,然后采用传统矿山测量的方法对研究区储量进行评估,最后将无人机摄影测量与传统测量方式所获取的结果进行对比。[①] 据测算,使用无人机航空摄影测量对矿山储量进行动态监测所耗费的时间仅是传统测量方式的1/3,其中外业所需时间约是传统测量方式外业所需时间的1/9,无人机极大地减少了外业工作量,提高了生产效率。

矿洞坑道测量。2019年8月21日,全套SALM无人机地下扫描设备进入云南省昆钢集团玉溪大红山矿业有限公司地下采场,对复杂采空区及巷道进行无人机扫描;扫描成果获得矿山技术和管理人员的一致好评,完美地解决了地下采空区安全扫描这一长期困扰矿山从业者的普遍难题(图6-8)。

① 杨青山,范彬彬,魏显龙,等.无人机摄影测量技术在新疆矿山储量动态监测中的应用[J].测绘通报,2015(5):91－94.

图 6-8　基于 SALM 的无人机地下扫描设备

露天矿生产管理无人机遥感技术可为露天矿提供低成本、高质量的空间数据支撑，推进生产管理方式向智能化、信息化转变。张玉侠等为减小外业劳动强度、提升工作效率，引入无人机摄影测量技术，成功实现露天矿山开采范围、开采面积、开挖土方量、开采过程、排水疏干、土地复垦的动态监测。[①]

尾矿库安全监测。尾矿库是具有高势能的泥石流重大危险源，溃坝事故往往造成惨重人员伤亡、巨额经济损失与难以修复的环境污染。尾矿库溃坝灾害诱发因素多、成因复杂、后果严重，其运行情况的实时监测对于安全管理实践至关重要。地表布设传感器的传统监测方式在实践中暴露出视角单一、造价与维护成本高、长期稳定性差等问题。例如，2019 年 1 月，巴西布鲁马迪尼奥(Brumadinho)尾矿坝溃决事故酿成 249 人丧生、21 人失踪的惨重后果，经调查尾矿库安装多达 94 个孔隙水压计和 41 个水位监测传感器，而在事故发生前均未监测到任何数据异常。运用无人机遥感技术作为尾矿库传统地表监测系统的有力补充，突破地表的点位监测局限，实现尾矿库及其周边区域的整体全局监测，是当前尾矿库防灾减灾领域的研究热点之一。

边坡灾害防治。唐尧等以 2018 年金沙江两次山体滑坡形成堰塞湖灾害为研究对象，融合卫星高分遥感、无人机遥感与三维激光扫描等数据，开展了滑坡孕灾机制与蠕动特征分析、受灾区域灾情研判与隐患排查研究，并展望了无人机遥感技术在地质灾害监测与应急救援中的应用前景。

①　张玉侠,兰鹏涛,金元春,等.无人机三维倾斜摄影技术在露天矿山监测中的实践与探索[J].测绘通报,2017(A1):114－116.

三、林业监测

(一)需求分析

林业是全国生态建设的主体,在保持经济和社会发展中有不可或缺的作用,我国拥有森林面积 1 750 000 km²,森林蓄积量为 124.56 亿 m³,森林覆盖率为 18.21%,既是森林资源大国,又是森林火灾多发国家。林业面积广阔,开展林业资源监测、巡查工作,人工成本高,效率低,且无法迅速掌握全局。如何有效利用高科技手段解决林业监测,已成为林业工作的重中之重。

(二)解决方案

无人机高空实时拍摄作业,可以拓宽林业资源调查、荒漠化监察的地面巡视视角,大大提高了工作效率,利于统观大局。无人机林业监测具体可以从三方面着手,包括事前预防(森林资源调查、荒漠化监测)、事中解决控制(森林病虫害检测及防治、森林火灾监测和动态管理)、事后补救(人工增雨)三个方面。

首先,森林病虫害检测及防治预防方面,气候及人为因素造成林业有害生物发生频率增大、发生程度增强、发生面积增加,危险性林业有害生物种类增多,较之以往人工喷洒农药的方式,通过无人机喷洒药物、监测能有效提升林业有害生物监测预警、检疫御灾、防治减灾水平,有效预防和控制了林业有害生物灾害的严重发生。

其次,森林火灾监测和动态管理方面。无人机作为现有林业监测手段的有力补充,显示出其他手段无法比拟的优越性,在林业火灾的监测、预防、扑救、灾后评估等方面得到了国际林业部门的认可。无人机系统以森林火情监测为主,将 GPS 技术、数字图像传输技术等高新技术综合应用于森林资源管理中的高科技产品,可解决目前林区森林防火瞭望和地面巡护无法顾及的偏远地区林火的早期发现问题。

最后,人工增雨方面。无人机系统可用于人工增雨,具有使用简便,机动性好,便于投放,又没有人员安全的风险等特点,因此,特别适合森林防火作业中的人工增雨。无人机可携带 10 枚增雨焰条,通过挂架挂载在机腹与起落架中间。飞行中点燃某枚焰条由地面遥控进行控制,并通过遥测信息显示焰条是否已点的状态。每次可根据情况同时点燃多根发烟管。根据有人机人工降雨作业投放碘化银数量与作业区域的关系,10 枚增雨焰条的碘化银含量即可满足 100 km² 的人工降雨作业区域要求。

（三）应用案例

✳ **应用案例一**

监测松材线虫。2020 年 5 月,苏州中飞遥感应常熟林业站邀请利用国产 M210 无人机搭载多光谱相机,获取多光谱及 RGB 数据,基于多模型(规则)分类算法和松树病死木聚类去噪算法,利用松树病死木识别软件进行区域识别,助力其对相关区域的松材线虫病进行研究(图 6-9)。

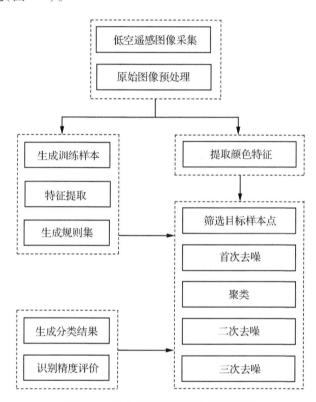

图 6-9 无人机监测松材线虫流程图

为了得到绝对准确的值,使用配套的无人机相机检校板进行辐射目标校准(图 6-10),飞行前利用自带的检校拍摄程序可快速获取检校图片,注意在拍摄时相机距离校准板的具体应在 50~100 cm,确保传感器尽量水平,同时飞机上部的阳光传感器和检校板不能有阴影,按下 calibrate 按

图 6-10 无人机多光谱视觉校准板

键,检校完成。

采集的多光谱数据利用 Pix4D Mapper 软件进行后处理分析,处理前需分别对四个波段影像[Green(绿)、Red(红)、RedEdge(热红外多光谱)、NIR(Near Infrared,现代近红外光谱)]进行辐射校正(图 6-11),加载无人机起飞前地面采集含有校准板的影像,对应依次输入校准板各波段反射率值。

图 6-11 输入无人机摄影各波段反射系数(以 Green 波段为例)

利用 Pix4D 软件对各波段处理生成反射图,在无人机地理影像分析系统(图 6-12)中,根据 NDVI 取值,过滤出目标区域集合 1;根据 RVI(Ratio Vegetation Index,比值植被指数)取值,过滤出目标区域集合 2;根据 DVI(Digtal Visual Interface,数字视频接口)取值,继续过滤出目标区域集合 3;基于以上并集,继续根据相关取值筛选出,符合病树特征的目标象元。

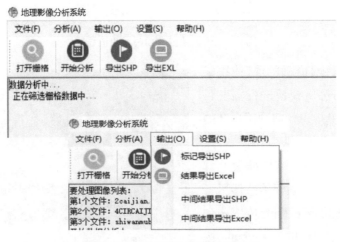

图 6-12 无人机地理影像分析系统

通过无人机地理影像分析系统进行智能判读,白色点为软件智能判读点,绿色点为人工目测版本判读点,黄色点为松林小斑图(图6-13)。通过软件机器学习的训练样本数据集,软件可以做到松树病死木的识别率不低于85%,处理速度不低于2 000亩/min,位置误差小于1 m。经中国林学会鉴定,该应用系统整体达到国际先进水平。

图6-13　无人机区域判读图

✲ **应用案例二**

2018年,湖南省平江县林业局运用无人机进行林业有害生物监测,无人机先后在城关、瓮江、伍市、向家等乡镇完成了松材线虫病的监测工作,累计飞行20余次,监测面积达2万余亩。由于平江山高林密,单纯依靠人力很难监测到位,而无人机的监测运用,在一定程度上减少了人力资源投入,降低了监测成本,同时提高了监测效率,对科学防控林业有害生物起到了积极作用。据该县林业局森防站工作人员介绍,此小型无人机最高可飞120 m,一次可完成4 km的飞行任务,监测效果良好;同时可应用于火灾、洪灾、冰灾、病虫灾害、造林绿化等实际生产监测中(图6-14)。

图6-14　无人机监测林业有害生物

四、水下无人机探测

（一）需求分析

地球的总面积约为 5.100 72 亿 km²,其中约 29.2%(1.489 41 亿 km²)是陆地,其余 70.8%(3.611 31 亿 km²)是水。在广阔的海洋、河流、湖泊之下,蕴藏着丰富的矿产、生物、海洋资源。如何充分探知、开发利用水下资源,成为我国新时期发展的迫切需求。

水下无人机是一种可在水下移动、具有视觉和感知系统、通过遥控或自主操作方式、使用机械手或其他工具代替或辅助人工去完成水下作业任务的装置。在 20 世纪 70 年代,水下无人机得到了很大发展,人类开发出了一批能工作在各种不同深度、进行多种作业的机器人。而现在,水下无人机可广泛应用于石油开采、海底矿藏调查、救捞作业、管道敷设和检查、电缆敷设和检查、海上养殖及江河水库的大坝检查等领域。

（二）解决方案

水下无人机可用于以下领域:近海搜救,水下目标观察,废墟、坍塌矿井搜救,公安海关的走私物品检测,水下证据搜索,检查供水管、下水管、排污管、排涝管、输油管、输气管、跨江管、跨海管,检查核电站、水电站、水利大坝等。

水下无人机(图 6-15)作业时可使用有线连接传导数据,一根内含数据传输线的系绳将无人机与水面外的终端相连接,上传深度、温度和潜行方向等数据。地面工作者可以通过笔记本电脑、平板电脑或智能手机,实时观测水下画面,并调整无人机的作业姿态,也可使用无线连接,传导信号、回传画面。

图 6-15　水下无人机

（三）应用案例

浅水区和沼泽区是水库水下地形测量的难点,大船由于吃水深无法到达,因此,人员进入也相当困难。针对这些区域的特点,目前采用的一种方法是利用机载激光测深系统进行测量,缺点是成本太高,不具有普遍性;另一种方法是采用插值法,缺点是精度低,无法满足大比例尺测量精度。2019年,袁建飞研究利用多波束测深系统深水区测量、应用无人测量船进行浅水区测量、多旋翼无人机进行沼泽区测量相结合的方式,实现了全覆盖、无盲区大比例尺水下地形测量(图6-16、图6-17)。实验结果表明,数据精度可靠,可满足国际标准要求,解决了浅水区和沼泽区测量难、精度差的难题。

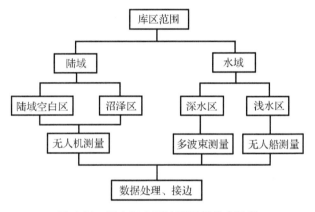

图 6-16 无人机水下地形测量技术流程

图 6-17 水下无人机航线、控制点及检查点布设图

第二节 无人机在地质勘查领域的应用

➢ 地质勘测

（一）需求分析

地质勘测是根据经济建设、国防建设和科学技术发展的需要，对一定地区内的岩石、地层构造、矿产、地下水、地貌等地质情况进行侧重点有所不同的调查研究工作。中国幅员辽阔，基础工程建设量也很大，实际勘测地域的地质复杂性、地貌多样性，加剧了地质勘测的困难程度。例如，在赣南地区使用人力进行地质勘测，对工作人员的体力消能较大，甚至在某些西南地区，地质条件极其复杂，勘测工作人员的生命安全往往受到一定威胁。

将大载重无人机航拍技术引入地质勘测工作中，可进行危险性较高、不稳定性和突发性较强的工作，在获得精确度较高的一手地质资料的同时，也保护了工作人员的生命安全。

（二）解决方案

在勘测的过程中，传统方法需要地质人员实地到目标区位进行勘测，测量一系列基本地质参数。若是分析得出地域可能存在矿产资源，还要对其储量、品质、开采条件及周边地质资料进行勘测、整理，并提供给相关人员，其工作量较大。而无人机不受空间限制、速度快、拍摄效率高，目前在资源勘察行业逐渐得到重视。

在实际勘测活动中，利用无人机实时传输技术控制功能，使其对目标区域进行全方位多角度拍摄，再通过电脑后期处理进行三维建模，可以去掉地质体表面附着物，如树木、房屋、电缆支架等。无人机三维建模技术可以获得诸如地质体的构造、产状、高程等基本地质参数，高精度的航拍甚至可以通过岩体颜色差异和颗粒状态，通过软件对比处理，直接确定岩性、划分岩层。通过模型还可以综合周边地质地形以宏观的角度对整个区位进行地质分析，既节省了地质勘测人员的时间和精力，又极大地提高了地质勘测的工作效率（图6-18）。

图 6-18 无人机地质勘测

（三）应用案例

2019 年,为严防极端天气和自然灾害引发生产安全事故,重庆市云阳县故陵镇对全镇 34 个地质灾害点进行了为期一周的拉网式核查和排查,全面掌握每个地质灾害隐患点的变化情况及现状。其间,城建办工作人员同地质驻守队员使用无人机航拍成像技术,在全镇范围内巡逻勘查和排查地面的各类地质灾害。通过现场勘查与卫片影像相结合的方式,工作人员科学分析了地质灾害隐患点的形成环境、诱发条件等综合因素,评估各隐患点的危险性,并提出综合治理建议。

第七章
无人机电力行业应用解决方案

电力行业是我国的基础行业,其发展能够促进其他行业的发展。如果电力生产过程中出现安全问题,不仅电力企业无法正常运作,其他企业也无法正常运作,由此造成的经济损失是不可估量的,更是国民经济体系难以承载的。当前,我国将电力企业的发展放在重要位置,大力支持电力安全生产,比如实行责任人制度、规划具体的安全操作流程、无人机电力巡检(图7-1)等。电力企业在生产过程中要做好安全监察工作,建立安全生产监察体系,保证电力安全生产。只有保证了电力安全生产,才能使国民经济得以发展,为国防、军事发展提供动力;只有保证了国民经济的发展,保证电力安全生产有序进行,才能促进社会各行业的健康稳定发展。

图7-1 无人机电力巡检

第一节　无人机在电力建设规划领域的应用

（一）需求分析

近年来,我国经济快速发展,电力需求愈发高涨。对此,国家电网有限公司开展了特高压大容量电力线路大规模建设。但电力线路将穿越各种复杂、高海拔地形,在增大勘测和巡检工作量与难度的同时,如何有效解决电力线路巡检过程中的盲点多、危险大、效率低等是电力巡检中的难题。

同时,输配电线路面临跨区分布,点多面广,所处地形复杂,环境恶劣,输电线路长期暴露在野外受到材料老化、雷击闪电、覆冰、树障、鸟害、持续的机械张力及人工建筑等因素的影响,容易产生磨损、断股、腐蚀等现象。如不及时更换,会极大地影响电网的安全运行与稳定。

（二）解决方案

➢ 无人机线路架设

在输电线路施工过程中,线路走廊长、地形情况复杂,线路所经地区山谷河流密布、森林茂密,给线路架设带来极大不便,工程实施困难重重。为有效缓解生态环境保护和架线施工的矛盾,可运用无人机释放导引绳来架设线路。无人机首先沿线路上空飞行并施放一根轻质高强引绳通过各基塔,然后利用这根轻质引绳不断牵引后续引绳,直至牵通一根三级引绳,并架设导线(图7-2)。这种方式解决了人力展放导引绳的高强度和动力伞展放导引绳着陆困难等问题,也减少了线路通道的树木砍伐,最大限度地保护了自然生态。

图7-2　无人机牵引导引绳

同时,在对各类输电线路进行走廊规划时,需对规划区域进行详细的信息采集和测绘工作,无人机可从低空取得光学图像、地形图像、输电线路图像,不仅可以确保获取数据的高效性,还可以在多方面降低环境对信息采集与勘测的影响。依据无人机采集的数据进行有效分析,能够全面兼顾各方面因素,充分利用有限资源,使区域规划与线路走向更加合理,输电线路的路径得到优化,有效降低国家建设输电线路的成本。

(三)应用案例

2020年,南方电网在安装新用户农业低压电表业务上,开展了"免接触"的现场勘查模式。供电所工作人员依据客户填写的相关资料及定位信息,使用无人机航拍勘查技术到现场快速精准地测量,并确定基本的供电线路路径。勘测结果表明,不但电表点定位更加准确,而且线路走向和距离规划得更清晰,在安装电表接电的过程中大大提高了工作效率。

第二节 无人机在电力巡检领域的应用

一、光伏发电站巡检

(一)需求分析

由于光伏发电行业具有特殊性,光伏发电站往往地点偏远,设备众多,且分布范围广阔。一旦发生设备故障或污损等情况,将造成直接财产损失及安全隐患。现有的人力巡检方法存在效率低、错误率高、巡检时间长等诸多问题。如今无人机的问世普及,其对光伏电站巡检、运营、维护与人工相比乃有天壤之别,它既省时省力又省钱,一台小小的无人机可以轻松自如地完成光伏电站的巡检、运营、维护工作,代替了人工危险的高空作业和超大的工作量。

(二)解决方案

> ➤ 系统功能

1. 编辑无人机巡检区域,以S形自主完成区域内太阳能板的日常巡检(图7-3)。
2. 全屏测温,数据采集到地面站后进行视频/图像分析。

3. 对温度超限太阳能板位置进行自动记录和存储。

> **系统结构**

数据采集层：

1. 红外及可见光视频。

2. 红外测温数据，采集大气、环境、地理信息等全方位传感信息。

数据传输层：

1. 支持传统图像传输链路。

2. 支持混合数据链及多通道数据链。

图7-3　无人机光伏巡检

数据处理层：

1. 包括无人机智能控制导航系统、数据存储分析系统等。

2. 提供云端接口，进行数据云传输、云存储及云计算。

多光谱热成像相机在屋顶光伏板检测与大型光伏电站的运维上具备明显优势。多光谱热成像相机可以短时间内扫描处于工作状态中的光伏板，能清晰地用影像呈现温度异常（图7-4）。

通过使用热成像进行检测，能迅速确定出现故障的光伏板，及时进行修复，保障发电站保持最佳的状态。使用多旋翼无人机飞行平台搭载热成像相机，续航时间长达30 min，一次飞行可以检测大片区域。多功能云台还可搭载摄像头，可拍摄和记录清晰的4K视频，是光伏板阵列检测的得力工具。检测人员只需通过航拍素材初步判定故障区域，然后前往确认即可，与传统的步行全场检测方式相比，工作效率显著提升。

图7-4　无人机热成像效果图

通过热成像拍摄，巡检人员可以快速筛查出损坏或过热的电池板，即使是一个电池损坏，也可能造成整个系统短路，从而让整个机构瘫痪，最终导致昂贵的维修成本。通过3D建模、点云数据、高分辨率照片、红外线视频和成像，无人机多光谱热成像相机为光伏巡检节省了大量时间。另外，无人机高清图传技术还为光伏巡检提供了更高的广度、清晰度和可靠性。在安装热成像机时，显示器能呈现经过加密和调色的低延时热成像画面。

（三）应用案例

2017 年 6 月 15 日，上海某公司携带自主研发的无人机巡检系统，为某工厂的分布式电站进行热斑检测。光伏组件分布于工厂厂房的房顶，此房顶电站容量 400 kW，数据采集时间 30 min，大体流程如下：

1. 现场勘查：无人机搭载可见光相机，首先对工厂进行基础勘测；

2. 自动航线巡检：无人机搭载热红外相机，地面站自动规划飞行航线，采集红外数据；

3. 软件分析处理：将无人机采集的红外数据上传，并利用软件进行处理分析，生成热红外温度信息概况图，直观地呈现出测区热斑分布情况，同时定位出光伏组件热斑的具体位置。

通过无人机智能航线飞行，采集可见光、红外热成像温度数据，软件智能分析处理后得到的热斑位置图，以及标注出热斑温度的位置图，其中位置图呈现的方向和地图一致。

二、风力发电站巡检

（一）需求分析

在电力巡检中，风力发电站的发电机巡检更为复杂，也更具挑战。目前，检测风力发电机需要将工作人员运送到高空中进行作业。这样不仅有很大的安全隐患，而且需要在检测前停工，影响发电效率。与传统手段相比，使用无人机让风力发电机检测变得安全、便捷。无人机定位精准，可从空中接近风力发电机，检测人员的安全风险大幅降低。而且目前多旋翼无人机先进的环境感知与避障功能可有效避免撞击事故，确保飞行安全。无人机搭载的摄像头能拍摄超清图片及 4K 视频，用这款相机可以清晰地辨识发电机外部的损伤和故障隐患。通过高清图传系统，可实时进行检测，也可以通过飞行器储存的超高清视频素材进行后续分析。全新的技术大幅缩短了停机检修时间，提高了工作效率。

（二）解决方案

在进行风电巡检时，我们面临的最大挑战是要靠近风力涡轮机，查看是否存在损坏或影响涡轮机正常工作的隐患，大部分无人机配备广角镜头，要距离风力涡轮机 1 m 左右,才能进行全面检测。我们需要搭载可变焦镜头,这样才能让飞行器与涡轮机保持安全距离,同时能够看清设备上的所有细节,甚至是数字和字母,变焦镜头有 10～30 倍光学变焦,飞行器只需与涡轮机保持 20～30 m 距离即可(图7-5)。给客户进行巡检作业时,无人机操作便捷,指点变焦功能,可快速准确地捕捉画面,选点指定拍照,相机则会自动放大目标,可在地面实现技术讨论。

图7-5　无人机在风电巡检中的飞行安全距离

　　连拍模式在风电巡检时非常实用,将连拍模式搭配航点飞行一起使用,连拍 3～5 张照片,让风电巡检更全面,为客户提供所需资料,大大超出预期(图7-6)。

图7-6　无人机在风电巡检中的航线连拍模式

(三)应用案例

　　龙源电力中能科技开发公司在福建南海上完成无人机对风电场叶片智能巡检试飞

工作,这是无人机叶片巡检进入海上风电场运营、维护的开始。

该巡检技术使用无人机飞行平台作为载体,搭载高分辨率可见光相机观察记录叶片表面状态,巡检作业人员将无人机部署到船舶或塔底平台起飞点位后,通过"一键巡检"功能即可进行风电机组叶片表面状态的图像采集(图7-7)。

巡检工作组到达作业地点后,即可轻松使用挂载多功能变焦镜头开展空中巡检工作。高清实时图传让巡检员在飞行中就能快速发现故障点。同时,这款相机可拍摄1 600万像素照片和4K影像,为巡检后期分析提供充分的画质保证。全新的无人机飞控支持导航系统,使得飞行器获得厘米级别的悬停精度。此外,还可通过地面站,设置无人机标准飞行模式,实现自主飞行或利用基站同时控制5台飞行器对不同的线路段进行检测。

图7-7　无人机观察海上风电场叶片表面状态

三、输电线路巡检

(一)需求分析

随着经济高速发展与社会用电需求的与日俱增,超特高压远距离输送技术得到了快速发展,电网规模不断升级扩大。输电线路里程的迅速延伸及走廊环境的日益复杂,线路维护人力、物资成本的不断提高,给线路运维检修工作带来了巨大挑战。无人机在输电工作中应用范围不断扩大。主要包括以下几个应用场景:人机协同巡线、故障巡视、诊断性巡视、施工检修前的现场勘察、运行情况监测、输电线助架线、紧急情况人员搜救、输电线路数据测量。

（二）解决方案

电力线路巡检是管理电力线路的核心工作,通过一系列精细化的巡视,对电路线路进行检查,及时发现问题,消除隐患,为人们的生活和生产用电提供保障。无人机技术的发展迎合了电网对信息化及自动化的需求,使用无人机进行巡检,已成为一种趋势(图7-8)。过去传统的巡检方式,通过望远镜进行观察或者通过爬塔近距离检查,山区的基塔往往建在山顶上,人力到达山顶需要翻山越岭几个小时,其危险性和对工作人员的经验要求极高,在一般山区,一个人一天大概可以巡查2个基塔。现在一般使用小型四轴多旋翼如大疆精灵4P作为小型巡检工具,它方便携带,相机分辨率高,且成像清晰,一次精细化巡检可以巡视3～4个22万伏线路塔或2～3个50万伏线路塔,对一个塔多部位进行拍摄,就可以满足巡检需求,一个架次18 min左右的飞行最多覆盖跨度5 km的区域,无人机的工作效率是原来人工巡检的8～10倍,它让每天的工作效率有了质的提升,也大大降低了巡检人员的风险。

图7-8 无人机电力巡检

随着无人机介入日常线路巡检工作,输电线路巡检的整个工作模式和精细化程度都迎来了很大的变化。在线路巡检上,线路发生跳闸后,重合闸成功的线路处于带电状态。受电磁干扰,无人机很有可能发生撞击电线导致坠毁的情况,这时我们使用续航时间较长的六旋翼加D-RTK技术可以避免电磁干扰,增加安全性,同时还可以搭载多光谱热成像相机,近距离测温,这样准确性高,且发热部位易于确认,检测到导线和绝缘子异常发热时,能及时检修,消除隐患,防止故障发生。

无人机巡检系统指利用无人机搭载可见光、红外等检测设备,完成对架空输电线路巡检任务的作业系统。无人机巡检系统一般由无人机分系统、任务载荷分系统和综合保障分系统组成。无人机分系统由无人驾驶航空器、地面站和通信系统组成,通过遥控指令完成飞行任务。任务载荷分系统指为完成检测、采集和记录架空输电线路信息等特定任务功能的系统,一般包括光电吊舱、云台、相机、红外热像仪和地面显控单元等设备或装置。综合保障分系统是保障无人机巡检系统正常工作的设备及工具的集合,一般包括供电设备、动力供给(燃料或动力电池)、专用工具、备品备件和储运车辆等。

线路的维护与巡检在电力系统中有相当重要的作用,也引起了更多电力专家的重视。通过相关的数据和图像资料可以清楚地看到,在观察设备外观情况时,无人机技术可以起到相当关键的作用,通过无人机,电力部门相关人员可以清楚判断重要部件是否受到损坏,保证输电线路的安全,保障生产与生活的用电。除正常巡检和特殊巡检外,还可将无人机应用在电网灾后故障巡检。当灾害导致道路受阻、人员无法巡检时,无人机可以发挥替代作用,开展输电线路巡查,准确定位杆塔、线路故障,且视角更广,能避免"盲点"。无人机巡检提高了电力维护和检修的速度与效率,使许多工作能在完全带电的情况下迅速完成,最高比人工巡检效率高出40倍。在巡检过程中,还可以通过无人机清除线路上的风筝、气球、塑料袋等异物。

经过EPRI对电网故障检测数据统计,故障50%是紫外线发现的,28%是红外线发现的,22%是可见光发现的。目前无人机主要巡检设备是基于可见光单光谱巡检,少部分是紫外线或者红外线的单光谱检测设备。在单光谱检测中,尤其是可见光,可以对显而易见的问题进行查找;而如果采用单光谱轮替进行,会急剧增多检测工作量,提高作业成本。此外,红外线和紫外线图像并非对巡检人员视觉友好型,无法通过红外线和紫外线图像直接引导巡检人员操作无人机飞行,需要专业的无人机操作手执行飞行任务(图7-9)。

图7-9 无人机多光谱巡检

(三)应用案例

中飞遥感联合南京百家湖科技公司基于智能图像识别技术、视觉深度学习技术,结合无人机、巡检车、固定摄像机等对输电线路巡检自动拍摄的影像资料,对输电线路杆塔、导地线、绝缘子、大尺寸金具、小尺寸金具、基础通道环境、接地装置和附属设施等缺陷或隐患进行自动识别与分析,搜索典型的缺陷或隐患,可自动输出典型的疑似缺陷或隐患识别图(图7-10)。

图 7-10　无人机对疑似缺陷、隐患的识别

四、激光雷达巡检

（一）需求分析

　　杆塔精细化巡检,主要利用无人机针对高压电线杆塔本身进行拍摄,拍摄后通过对照片分析,查找杆塔有无缺陷。而激光雷达巡检主要以无人机搭载激光雷达作业,经扫描后获取三维点云模型,最终对电力线与下方树木之间的距离起到预警作用。

　　激光雷达巡检前期准备工作和杆塔精细化巡检准备工作基本相同,但激光雷达巡检多了一项航线采集工作(图 7-11)。因为激光雷达本身设备昂贵,所以对无人机航线的要求和无人飞机的稳定性、可靠性要求特别高。

图 7-11　无人机自动化巡检

（二）解决方案

利用无人机机载激光雷达测量系统获取的高精度点云可以检测建筑物、植被、交叉跨越等对线路的距离是否符合运行规范，为输电线路监护人员提供数据基础，以便发现输电线路设施设备异常和隐患及线路走廊中被跨越物对线路的威胁（图7-12、图7-13）。

▌ 无人机机载激光雷达测量系统

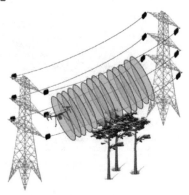

★ 仿线飞行，检测导互缺陷

通过激光雷达跟踪导线，可见光相机进行拍照，分析导线断股、散股、雷击缺陷。

★ 三维测量，树障实时测量

无人机沿导线飞行，测量多个连续二维截面的数据，即可测得目标区域线、树距离，并自动计算最小线、树距离。

图7-12　无人机机载激光雷达测量系统

▌ 无人机激光雷达巡检系统

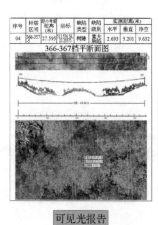

快速导出树障报告

可见光报告

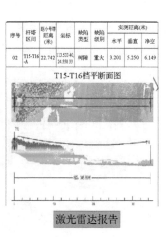

激光雷达报告

图7-13　无人机激光雷达巡检系统

➤ 应用效果

利用无人机激光雷达技术进行电力巡检是一项先进的技术手段。采用该项技术进行电力巡检,不仅可以大幅度提高工作效率,也能大大减少野外工作,降低巡检成本。在传统的巡检工作中,100 km线路需要20个巡检人员工作1天才能完成,而利用无人机进行巡视,需要4个架次共计2人1天就能完成,大大提高了巡视效率,且不受地理环境的限制。无人机激光雷达技术通过对电力走廊上电线塔、电力线、周围植被等地物的点云数据采集、处理,可以实现电线杆塔、电力线的真实三维重建,实现植被与电力线的精确量测,发现线路存在的安全隐患,为管理者的决策提供真实、有效的数据支持,避免线路事故停电,可以挽回高额的停电费用损失。

> **线路资产管理**

通过无人机巡检采集的点云和高清影像数据,处理成标准的DOM、DEM,结合分类后的点云可以实现电力线路的三维建模,恢复电力线沿线地表形态、地表附着物(建筑、树木等)、线路杆塔三维位置和模型等,并将线路的属性参数录入,实现线路资产管理(图7-14)。

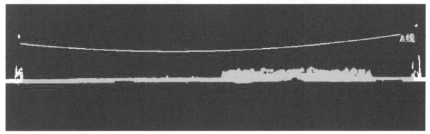

图7-14 无人机电力线路资产管理巡检

➤ **无人机图像目标自动检测**

目标自动检测适用于目标特征明显、能反映地物信息的场景。智慧工地的巡检就是一个很好的例证。在工地施工领域,无人机通过探测以下基础设施来捕捉房屋在不同阶段的建造进度:地基(开始)—墙面板(正在进行)—屋顶(部分完成)—护墙(收尾)—热水器(可以搬入)(图7-15)。

图7-15 无人机图像目标自动检测

➤ **检测到完整的房子**

下面是无人机对每个物类的平均识别精度:

无人机自动识别目标屋顶:95.1%;热水器:88%;墙面板:92%;护墙:81%(图7-16)。

测试与集成:在模型训练好后,将API(Application Programming Interface,应用程序编程接口)直接集成到智慧工地管理系统中。

最后一步,图像被拼接起来并使用与每幅图像相关联的GIS数据创建整个景观视图(图7-17)。

单位：pix。

图 7-16 无人机检测到完整的房子

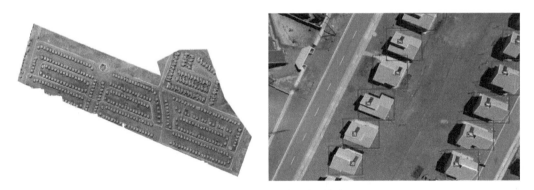

图 7-17 无人机采集信息后拼接的全景视图

> ## 可见光树障分析

可见光树障分析软件是针对无人机树障巡视而研发的自动化数据分析软件，支持多旋翼和固定翼无人机的可见光、激光雷达数据来源，可实现输电导线弧垂建模、点云分类、树障安全距离分析、树障危险性分析，快速定位树障位置，识别树障类型，并生成树障分析报告(图7-18)。

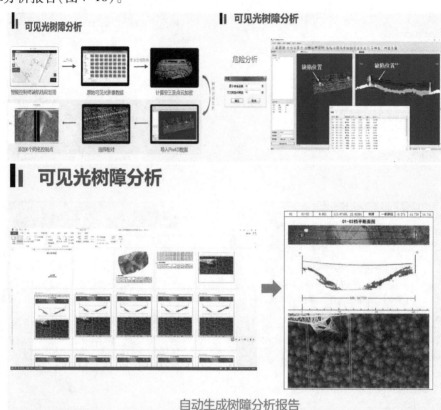

图7-18 无人机自动生成树障分析报告

> **预测的图像拼接在一起创造了整体景观视图**

太阳能发电厂的日常检测和维护是一项艰巨的任务。传统的人工检测方式只能支持每三个月一次的检测频率。由于环境恶劣,因此,太阳能电池板可能会有缺陷。损坏的太阳能电池板部件会降低功率输出效率(图7-19)。

图7-19 太阳能电池板的原始图像

（三）应用案例

2019 年，广西壮族自治区玉林市供电局采用无人机三维激光扫描技术对 110 kV 寨隍线线路通道开展了带电巡视。通过新技术的运用，输电线路走廊内的树木、地形等显露无遗，影响电力线路正常供电的树障隐患也在第一时间被发现。此前，该局线路通道内的树障观测要靠电力工人上杆或者爬到更高处才能完成，由于外部条件限制，对树障判别容易产生误差，在极端天气情况下树木与输电线路安全距离不够产生放电，线路停电情况时有发生。无人机三维激光扫描技术的出现有效弥补了这方面的不足，通过对高科技的应用，树障与导线的距离判断能精确到厘米级，能够准确发现树障隐患，进一步提高了供电的稳定性，同时还可以最大限度地减少人力资源损耗。

五、输电线路故障排查

（一）需求分析

在新形势下，电力行业快速发展，高压、超高压输电工程不断增多，满足了用户用电需求的同时，电网的大规模与复杂性，增加了输电线路的故障发生概率。此时，面对大规模的电网与四通八达的输电线路，传统的故障点检查方式已经无法保障电网可靠运行。积极引进小型无人机，全方位监察输电线路，快速查找输电线路路上的故障点，具有重要意义（图 7-20）。无人机在输电线路故障点查找中的应用优势及无人机的普及，大大提高了我国输电线路的可靠性。

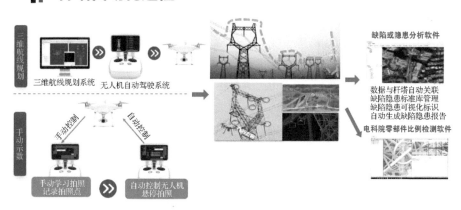

图 7-20　无人机杆塔精细化自动巡检

（二）解决方案

无人机根据巡检事前编好的电塔 GPS 坐标点［或者读取高频 RFID（Radio Frequency Identification，射频识别）芯片］，进行自动飞行巡检，巡检内容包括引流线（有无断股）、杆塔（有无鸟窝、损坏、变形、紧固金具松脱金具被盗）、绝缘子（有无脱落、破损、污秽、异物悬挂）、防震锤（有无变形、存在异物）、线夹（有无松脱）、导线（有无断股、异物悬挂）、地面环境（有无在规定范围建筑房屋和超范围生长的植物）等（图 7-21）。无人机执行巡检监控，并实时同步传输到地面工作人员。无人机完成巡检任务后，地面工作人员根据巡检内容信息判断巡检结果，并根据具体情况制定相应的解决措施。

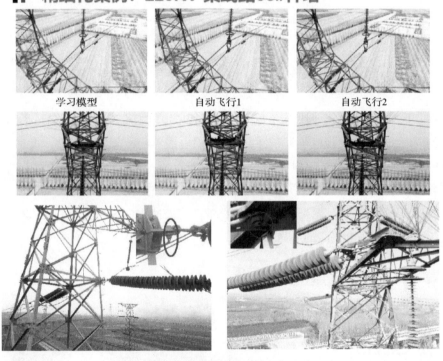

精细化案例：220KV 某线路38#杆塔

学习模型　　　自动飞行1　　　自动飞行2

图 7-21　无人机巡查电力线路

无人机挂接热成像设备，对巡检线路进行巡检，通过温度异常变化对比值，发现隐蔽性较强的故障点，结合传统可见光巡线，热成像巡线将大大提高对故障点检测的准确性（图 7-22）。无人机搭载热成像设备夜间巡检输电设备判断依据：导线（有无红色发热点）、线夹（有无接触点发热）、引流线（有无发热点）、绝缘子（有无击穿发热）、杆塔（有无击穿发热）、耐张管（有无发热）。

图 7-22 无人机热成像电力巡检图

（三）应用案例

青海省刚察县热水镇江仓地区海拔 3 000 多 m，国家电网使用无人机对该地区 110 kV 热仓线开展故障排查工作。

线路巡视人员前期运用航线规划设定好无人机飞行路径和数据采集点，无人机在距离设备 2.5 m 处进行近距离拍摄，通过可见光拍摄及红外线测温，可以精准发现螺栓、销钉、螺帽等零件是否脱落，极大地减少了人工巡检的劳动强度和作业风险，还能够发现人眼发现不了的隐患及细小缺陷，在效率和精度上都具有明显的优势。

第八章
无人机环保领域应用解决方案

环境问题是 21 世纪中国面临的最严峻挑战之一,保护环境是保证经济长期稳定增长和实现可持续发展的基本国家利益。环境问题解决得好坏关系国家安全、国际形象、广大人民群众的根本利益,以及全面小康社会的实现。为社会经济发展提供良好的资源环境基础,使所有人都能获得清洁的大气、卫生的饮水和安全的食品,是政府的基本责任与义务,也是我们每一个人生存的必要条件。环境问题日益严重,保护环境刻不容缓。然而,在日常环保执法中,有许多难题也急需解决,如执法人员人力不足而需要监管的面积广大、地形复杂,破坏环境行为隐蔽,传统执法方式难以应对。引入无人机对解决当前困境意义重大,无人机小巧、灵活、不易被发现,而且可以在易发生危害环保地点定点巡逻,同时可以到达地面执法人员不易到达的地方,如河流、湖泊及高山峡谷。

第一节　无人机在环保执法领域的应用

（一）需求分析

环境保护关乎人类未来的发展,随着国家在环保政策上不断加强监管力度,我国环境治理取得了持续进展。但是,即使在严管政策之下,仍然有不少企业利用各种手段逃避执法,使得环保治理工作往往面临各种阻碍。部分企业偷排、偷放的行为给环保执法人员在调查和取证方面造成一定的压力与执法难度。无人机为环境保护提供了新的思路,在环保监测、执法等方面大有可为。利用无人机进行巡查与航拍执法,能把各种污染及排放行为拍摄记录下来,克服了调查难、取证难的问题,使得非法排污无处遁形。

无人机监测除了可以协助环保执法之外,还可以在多方面为环保决策提供支撑,拥有高分辨率拍摄设备及空气监测设备的无人机可以通过监测航拍对土地覆盖、水环境及空气环境变化情况进行了解。经过技术分析处理之后,可为相关部门提供定量和直观的判断依据,为环境信息一体化建设提供数据支撑。

(二)解决方案

无人机搭载红外镜头,可以在白天或黑夜对违法车辆与人员拍摄照片及录制视频。也可以搭载空气监测设备对部分可疑厂区进行空气监测。同时,搭载喊话设备也可以进行环保宣传或者对正在从事的违法活动进行喊话制止。无人机搭载不同的设备即可实现不同的功能,具体要求可按照实际需要进行配置。

水污染监测。无人机可以从空中对水污染情况进行快速、全面的拍摄。其提供的高清晰图像等信息可以相对直观、充分地展示出水环境的一系列情况,例如水质富营养化、有机污染程度及清澈透明程度、排污口排水污染程度等。

借助无人机搭载多光谱成像仪拍摄的多光谱图像,还可以较为直观地辨别污染源、污染口、可见漂浮物等生成的分布图。另外,通过分析多光谱影像,可以提供水质富营养化、水体透明度、悬浮物、排污口污染状况等信息的专题图。对同一地区重复拍摄,可以达到对水质特征污染物动态监测的目的。

大气污染监测。通过无人机平台搭载空气质量检测仪,可以采集空气污染数据,经过软件处理之后,可以绘制成空气污染指数示意地图。同时,工作人员可以根据无人机掌握的垂直监测区域内的空气污染状态及布局情况,直观地了解空气污染的大致位置和污染程度。另外,无人机搭载高清晰度相机,可以进行高空航拍,根据无人机自身提供的坐标,确定污染源位置信息。对于偷排、漏排等违法现象,也可以尝试从高空进行定位、拍照,方便执法人员快速跟进,进行现场取证(图8-1)。

固体污染物监测。无人机搭载高分辨率镜头在厂区巡查,对可疑地点偷排、偷倒污染物行为进行调查取证。对于夜间巡查情况,可以通过搭载红外镜头在没有可见光的情况下进行更为隐蔽的拍摄、取证。同时,无人机将拍摄到的画面实时传输到信息指挥平台,进行数据存档,固定证据,完善证据链。

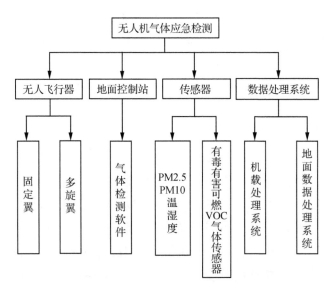

图8-1 无人机气体应急检测流程

（三）应用案例

2018年，广东省东莞市环保局使用可飞科技"灵嗅"大气移动监测系统对工业园区进行臭气排查。在初步勘查周边环境后，无人机搭载"灵嗅"大气检测设备升空，开始对工业园区上空大气污染物进行低空扫描，主要测试大气中的VOCs（Valatile Organic Compounds，挥发性有机物），在1 h 30 min的巡查时间里，灵嗅共检测面积13.4万km²。巡查结束后，使用Sniffer4D Mapper分析软件绘制出的工业区VOCs等值线浓度图，可以看出紫色位置即为浓度异常区域。通过无人机定位，执法人员找到并查处了无组织排放有机废气的工厂（图8-2、图8-3）。

图8-2 无人机监测到的VOCs等值线浓度图

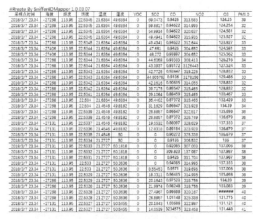

图8-3 无人机监测到的VOCs气体表

第二节 无人机在反偷猎盗伐领域的应用

（一）需求分析

在人迹罕至的深山老林里，如何防范非法狩猎者或伐木者？在相当长一段时间，人们一直是借助卫星"监控"这些不法分子，听上去不可思议，实际上也并不怎么有效。一方面因为卫星影像的细节往往难以辨认，另一方面因为卫星影像存在延迟性，当在影像上发现了不法分子时，他们可能早已逃之夭夭。传统的人工巡查，效率低、周期长，等到发现有被破坏痕迹，为时已晚，只能做被动的补救。如何破解这一困境，成为环保者心中的难题。

无人机搭载设备的发展，使它在森林巡查、打击偷猎盗伐领域有了更大的发挥空间。首先，无人机可以快速地从空中视角查看森林，飞得高、看得远，解决了深山老林人工巡查不便的难题；其次，无人机可以实时录视频、存档，以备后续查看对比；最后，无人机飞行海拔高，较为隐秘，不易被发现，有效避免了与不法分子直接接触，充分保证了环保人员的人身安全。

（二）解决方案

在巡查盗伐者方面，无人机平台搭载红外镜头，对林区或者保护区进行巡逻，可从高空发现是否有异常人员活动。异常信息将被及时发送至监管中心并进行报警提醒。执法人员及时接警可以快速抓捕犯罪嫌疑人。

在巡查盗伐行为方面，无人机可以对同区域动态拍摄照片，经过对比分析，可以发现盗伐林木的情况，为打击盗伐行为提供执法证据（图8-4）。

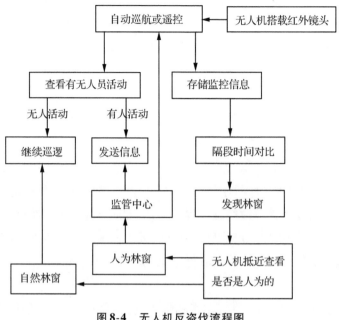

图8-4 无人机反盗伐流程图

（二）应用案例

在广袤的高海拔区域，无人机填补了人力防治盗猎的空白。2020年2月，四川省阿坝州西部壤塘县森林公安局使用无人机对附近村寨森林区域进行监控，结合无人机影像及地面巡查将正在盗伐林木的嫌疑人抓捕归案。无人机同时对此犯罪行为进行了拍照和录像取证。

第三节　无人机在生态保护领域的应用

（一）需求分析

自然保护区及重要水体保护区的生态环境保护一直以来是各级环保部门工作的重点，也是环保人士关注的焦点。自然保护区和饮用水源保护区大多具有面积较大、位置偏远、交通不便的特点，以往其生态环境保护工作很难做到全面细致。

（二）解决方案

环保部门可采用无人机遥感系统，在每年同一时间或者相隔一段时间获取需要特殊保护区域的遥感影像,通过影像的分析比对或植被覆盖度的计算比对,可以清楚地了解到该区域内生态环境的动态演变情况。无人机遥感系统生成高分辨率遥感影像甚至还可以辨识出该区域内不同植被类型的相互替代情况,这样对区域内的植物生态研究也会起到参考作用。区域内生态环境的动态演变是自然因素和人为活动的双重结果,如果自然因素不变而区域内或区域附近有强度较大的人为活动,逐年所采集的遥感影像也可以为研究人为活动对植物生态的影响提供依据。当自然保护区和饮用水源保护区遭到非法侵占时,无人机遥感系统能够及时发现,其所采集的遥感影像也可作为生态保护执法的依据。

(三) 应用案例

❋ **应用案例一**

2020 年,江苏省无锡市锡山区检察院为将恢复性司法理念引入公益诉讼,与江阴法院、锡山法院、翠屏山旅游度假区在九里河查桥段挂牌建立"锡山区生态环境司法修复基地"。这一举措,为水环境区域治理和百日攻坚防控污染提供了法治保障。同时,锡山区检察院积极尝试运用无人机巡航取证图像智能分析技术,建立无人机定期巡航工作制度,将巡航数据与行政执法数据进行碰撞比对,摸排并发现相关企业超标排污、雨污混排等案件线索(图 8-5)。

图 8-5 无锡市锡山区人民检察院利用无人机巡航取证

❋ **应用案例二**

2019 年,湖南省生态环境厅为推进长江生态修复整治提供第一手资料,启用 20 架无人机,在长江湖南段、湘江干流沿线约 4 400 km² 范围内进行航飞、排查,以便摸清入河排污口底数。为配合沿线植被茂密、部分沿江地形陡峭、高差大的实际情况,在机型选择上采用固定翼无人机、多旋翼无人机等多种飞行器。针对排污口体积小、隐蔽的特点,还搭载了分辨率高达0.1 m的大型专用航摄设备,同时具备红外热成像功能。

✱ **应用案例三**

2012年11月7日,因受连日降水影响,贵州省铜仁市万山区万泰锰业有限公司锰渣库底部导洪管破裂,锰渣随溪水直排下溪河,汇入锦江后进入湖南省怀化市境内。根据环境应急管理需要,政府利用无人机技术对尾矿库泄漏状况进行了多架次动态遥感监测,获取了大量高分辨率数据。根据监测数据,事发尾矿库的泄漏量约为8 200立方,造成下游河流长达20多km的重金属污染,分析结果为事件防控提供了有力的技术支持和信息服务,为事故抢险提供了第一手资料(图8-6)。

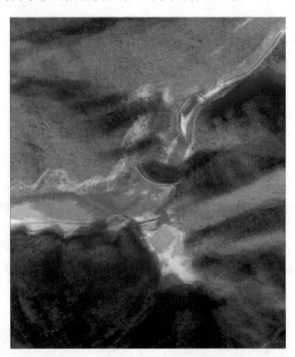

图8-6 无人机采集的河流重金属监测图

第九章
无人机应急救援应用解决方案

　　我国每年因自然灾害、事故灾害和社会安全事件等突发公共事件造成的人员伤亡与经济损失数额巨大,应急产业作为应急管理的重要物质和技术保障,正日益受到国家重视。无人机在应急救援中的有效应用可以做到分秒必争,不但提高了救援效率,而且降低了人员的危险性。在工业事故、自然灾害、消防事故、公共活动场所、公共交通等应急救援事件中,无人机不需要跑道,体型小,起飞便捷,操作灵活,可以及时响应,从空中抵达事故现场,通过挂载高清摄影系统,将现场情况第一时间回传至指挥中心,为指挥中心部署下一步工作提供强有力的数据支持。此外,无人机还可以通过挂载红外热成像、激光雷达和应急通信等载荷,在灾害中实现紧急搜救、空投物资及空中通信中继(图9-1)。

图9-1　无人机应急救援应用

第一节　无人机在搜救领域的应用

■ 一、山地搜救

（一）需求分析

山地救援队的主要任务是在山区搜寻并解救失踪受困人员。尤其是针对爱好户外运动的驴友,成立山地救援队已经成为大型风景旅游区保障游客人身安全必备的救援措施。山地救援受地形的限制,人工搜寻十分困难,通信联络无法保障,施救措施受到制约。无人机山地救援的应用为山地救援提供了有力保障。

（二）解决方案

➢ 山地无人机救援队组成

1. 主要职责

配属各类山地救援组织,承担无人机救援保障任务(图9-2)。

图9-2　无人机山地搜索救援

2. 山地无人机搜救系统组成

山地无人机系统包括以下几个部分:多旋翼无人机;FPV(First Person View,第一人称主视角)超视距遥控装置;图传地面站;可见光或红外相机、通信中继和投放装置等三种可更换吊舱;无人机动力电池组;无人机操控夜视设备。

3. 设备组成

一台可车载运输的发电机;一辆紧急救援车。

➢ 山地无人机救援程序

1. 协调无人机保障任务

无人机救援队抵达山地救援现场,队长与所配属的救援组织进行协调,分配无人机救援任务,建立合作通信方式。

2. 作业前准备

根据分配的无人机救援任务,尽量选择救援车可到达、有电源的地方作为基础起降点。在救援车无法到达的救援现场,应徒步携带无人机及吊舱和电池,选择适合的起降点;组装无人机及相应吊舱;根据救援现场情况拟定各种救援作业模式的航迹规划;确定无人机驾驶员、任务载荷操控员和作业保障员的分工。

3. 救援作业

根据无人机救援航迹规划,无人机驾驶员操控无人机按规划航线飞行,并负责无人机飞行安全;任务载荷操控员与无人机驾驶员密切配合,操作无人机任务载荷以获取各种救援作业信息。

➢ 救援现场监视

1. 救援目标搜寻

使用一架无人机,携带可见光和红外相机,在救援现场上空 100 m 以下、起降点 2 km 半径范围内,采取 FPV 超视距飞行的方式,贴近地面对救援目标进行搜寻,拍摄救援搜索影像,并实时将图像传输至地面站(图 9-3)。航行时间达 30 min 以上。使用另一架无人机,携带通信中继吊舱,在起降点上空 100 m 以下悬停,以保障监视无人机的数据链路畅通。

图9-3　无人机救援指挥系统

2. 救援通信保障

使用一架无人机,携带通信中继吊舱,在救援现场上空100 m以下、起降点5 km半径范围内,采取定点悬停或者固定航线飞行的方式,建立空基通信中继站,为所配属的山地救援组织成员提供通信保障。航行时间达30 min以上。必要时使用另一架无人机,携带通信中继吊舱,在起降点上空100 m以下悬停,以避免受地形的遮挡,取得扩大通信覆盖范围的效果。

3. 救援器材投放

使用一架无人机,携带救援器材,在救援现场上空100 m以下、起降点2 km半径范围内,无人机采取超视距飞行的方式,向定点救援目标投放救援器材。航行时间达30 min以上。

最为实用的救援是无人机携带救援缆索引绳,在50 m半径范围内,采取目视飞行的方式,投放给无法接触到的受困人员,受困人员将救援缆索拉过去,建立救生索道。必要时使用另一架无人机配合投放作业,或者由两架无人机分别进行投放作业。

4. 夜间作业

无人机配备夜视设备(图9-4),在夜间完成各种救援作业。

图9-4　无人机配备夜视设备

> **作业保障**

根据无人机救援任务要求,作业保障人员负责与山地救援组织的协调、无人机航迹的观察、无人机电池充电等工作。

> **救援任务结束**

接到所配属山地救援组织结束任务的指示后,无人机救援队应清点人员、整理装备,恢复基础起降点原有设施,撤离救援现场。

（三）应用案例

2019年11月,广西壮族自治区桂林市七星区应急、公安、消防等部门,调用6台各类型无人机,成功将一名被困于陡峭山顶的男子救下。此次救援行动,是桂林市首例大规模运用无人机成功实施救援案例,为以后类似的救援行动积累了经验。事件的经过是,桂林市临桂区人梁某用了近10 h,爬到位于七星区的人窝岭山顶采集野生蜂蜜。因山体陡峭,梁某无法下山,在山顶被困了一夜,无奈之下梁某报警求救。次日凌晨,消防队及派出所等单位,组织消防救援人员,联系两家桂林本地无人机企业展开现场救援。无人机技术人员操控无人机,仅用数分钟就找到了被困山顶的梁某,并获取了精准坐标。通过无人机影像,山下救援人员可清晰观测到梁某的状态。技术人员用无人机给梁某抛投饮用水和食物,并用无人机喊话器安抚他。救援人员发现,如果沿着梁某上山的路线救援,到达山顶约需10 h。为了尽快使梁某脱离险境,只能找一条最快的捷径。关键时刻,技术人员用无人机,迅速给消防救援人员规划出最近的搜救线路。指挥部按照该线路指引,绕至山背后开展搜救。技术人员则用自主研发的、能24 h驻空的系留无人机,对消防救援人员搜救线路进行直播式精确观测与引导。当天中午,消防救援人员顺利到达山顶,找到被困的梁某,成功将其救下。

二、海上搜救

（一）需求分析

中国是海洋和航运大国,水上安全是我国安全应急体系的重要组成部分,面对辖区广阔的海域,仅仅靠船舶进行海上搜寻难以达到理想的辖区搜寻率和效率。相对于人力的搜救,无人机在海上救援中优势很明显,不仅可以缩短整体搜救时间,还可以减少因为出海而带来的人员安全问题和风险。此外,无人机能够持续不间断地进行跟踪监测,并且通过远程遥感平台将所采集的信息第一时间发送给救援中心(图9-5)。

图9-5 无人机参与海上救援

（二）解决方案

➢ 搜索定位

无人机搜索技术巧妙地将射频技术和人身定位搜索相结合,实现了远距离搜救。这一搜索系统主要由无人机、高清相机、定位搜救器、信标、探测器和地面站6个部分构成。其中信标是关键的一环,该搜寻定位系统在海域搜救的应用需在船员的救生设备中配备信标装置。无人机在搜救过程中,装载的相关设备可以在15 km范围内激活信标,发送事故船员信息,并且可以快速地对其进行卫星定位(图9-6)。

图9-6 无人机参与海上搜救

➤ 远距离的视频传输

在科学不断进步的今天,视频的远距离传输技术已逐渐成熟,其传输信道的抗干扰能力也有了很大的提升。例如,无人机搭载的电子设备能够进行拍摄,通过深度学习神经网络和图像处理技术,从动态视频和静态图像中把目标识别出来,实时向地面传播相关图像信息,使得相关人员可以及时制定出合理的搜救措施,提高搜救效率和成功率。

➤ 投放食物及医疗设备

海上船只等一旦发生意外,搜救巡逻舰往往很难准确地找到这类救生配置简要的船只,这无疑会大大降低搜救率。再者,海上环境复杂,遇险人员可能随时会有生命危险,面临饥饿过度和受伤等问题。这时无人机搜救的应用就非常重要。此时,无人机可根据自身搭载的搜索系统搜索遇险人员,并且可搭载必要的食物、淡水和医疗设备给受困人员,从而使无人机搜救效率大大提升(图9-7)。

图9-7　无人机海上投放救援物品

(三)应用案例

世界上首例无人机海上救援案例发生在澳大利亚,遇险的是2名少年,分别为15岁和17岁。2018年,他们在海上游泳时,被困在3 m高的巨浪中。救生员在岸边立即取出无人机,操控无人机飞往2名少年受困海域,根据定位,精准投放救援设备,2名少年抓住无人飞机投递的救助设备,游回海边,死里逃生。

第二节　无人机在消防领域的应用

一、城市消防

（一）需求分析

当火灾险情发生时，与时间赛跑，就是在追赶生命。无人机机动性强，一般无场地限制，在消防车遭遇堵车等无法通行的情况下，无人机则可快速到达目的地执行任务。同时，无人机具有高度上的优势，有一些高压水枪无法到达的高度，无人机则可以悬停到火源上空进行精准抛投灭火。

同时，我国高层建筑具有体量庞大、功能复杂、人员密集、危险源多、火灾荷载大等特点，给火灾防控带来严峻挑战。多旋翼消防无人机可以从空中由外向里，对高层建筑发生火灾的房间玻璃实施破窗及向着火房间内喷射灭火干粉，能迅速扑灭火灾，这样就为解决以往长期困扰人们的高层建筑消防灭火这一世界性难题提供了崭新的思路和方法。无人机在消防领域的应用，可作为消防车灭火的有力补充，能提高作业效率、保护人民生命财产安全。

（二）解决方案

消防应急平台是运用GPS定位、GIS分析查询、无人机航拍倾斜摄影模型、模型后期高质量高效率应用等多项国内外领先技术，依托强大的二三维地理信息平台，构建的一套包括二三维数据录入、数据利用和分析、三维可视化展示、数据库管理的消防应急规划与仿真及展示平台。

➤ 三维可视化及路线规划最佳路径和最短路径选择

通过分析火灾发生地周边的环境进行消防车配比，指定多条路径供决策者选择，决策者可根据火灾地的地形和环境选择最短路径及消防车停靠位置，根据停车位置的面积大小及消防车进出的难易程度科学地分配出警车辆，合理分配应急资源（图9-8）。

选择最佳路径和最短路径

计算出警消防车数量

选择起火点最近停车位置

查看起火点周边情况

图 9-8　无人机参与城市消防

➤ 无人机消防灭火

消防灭火多旋翼无人机是利用无线电遥控设备和自备程序控制的无人机,从结构组成上讲,一个完整的无人机系统由机上部分和地面控制部分组成,其中机上部分主要包括无人机的自主飞行控制系统、机载灭火系统和动力系统;地面控制部分主要包括遥控操纵系统和数据接收系统等。

高层建筑消防灭火多旋翼无人机以无刷直流电动机作为动力装置,一般采用 4 轴 8 旋翼结构形式,为了运输方便,旋翼可折叠。一旦有高层建筑发生火灾,消防灭火多旋翼无人机由消防车搭载运送到火灾现场附近,随即无人机旋翼展开,搭载数十千克的灭火干粉,玻璃破拆枪和自救装备发射装置垂直起飞,直接飞到火灾楼层外面,作为空中悬停平台,遥控对准目标,首先用玻璃破拆枪发射高速冲击弹,击碎高层建筑上起火房间的玻璃窗,然后向室内喷洒灭火干粉,在 1 min 内灭火面积可达 100 m^3;也可以喷水或发射灭火弹,有效扑灭火焰;还可携带消防水枪飞到空中,对起火点连续喷水灭火(图 9-9)。

发射高速冲击弹

向室内喷洒灭火干粉

发射灭火弹

消灭火势

图9-9　无人机高空消防灭火

（三）应用案例

2019年，具有850多年历史的古建筑，被视为欧洲文明薪火相传象征的法国巴黎圣母院遭遇大火。万幸的是，其建筑结构得到拯救和保护，消防部门通过操控大疆MavicPro和M210两种无人机，飞越巴黎圣母院，寻找最佳位置来瞄准灭火点以实施洒水，并获得了控制火势的必要数据。

二、森林消防

（一）需求分析

我国作为森林资源大国，森林覆盖率约为22.96%，是森林火灾多发国家。如何解决森林防火的问题，成为林业工作的重中之重。目前，国外森林防火中应用了较多的新技术和新设备，国内在此方面的应用需求也日益增加，对森林保护的投入逐渐加大，先后运用卫星进行资源普查、森林火场监视，而使用无人机系统对森林火情监测则还处于初始阶段。

无人机中低空监测系统具有机动快速、使用成本低、维护操作简单等技术特点，具有对地快速实时巡察监测能力，是一种新型的中低空实时电视成像和红外成像快速获取系统。在对车、人无法到达地带的资源环境监测、森林火灾监测及救援指挥等方面具有其独特的优势(图9-10)。

图9-10　无人机森林防火

（二）解决方案

➢ 全天候监测

在森林防火过程中,无人机可以作为红外和可见光设备的载体来按照预先设定好的轨迹进行巡逻,并把收集到的遥感资料传输至地面监控站,借助信息系统来把数据资料继续传输到防火部门。对于无人机巡查过程中传输的可疑资料,执勤人员可以通过远程遥控来控制无人机进行多次勘察,便于火情的及时发现和处理(图9-11)。在森林防火中,无人机技术得到了广泛的应用,并取得了良好的应用效果,有效提升了对森林火灾的灭火能力和预防能力。

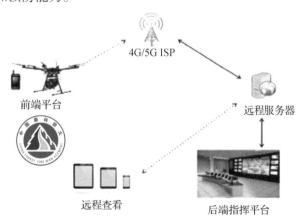

图9-11　无人机在森林防火方面全天候检测

➤ 对火场情况及时传达

当前无人机的遥感技术和性能得到了前所未有的提升,而且专业人员可以借助无人机来对火场进行悬停观察,尤其是在火势比较严重的情况下,人员和设备不能到达指定地点时,可以通过无人机及时对火场情况进行反馈,为灭火队伍提供最新情况,保证救火路线和方案的有效性。将风速仪装备在无人机上,还可以采集火场全区域的图像、风力风向及火场燃烧程度等信息,以确保灭火人员能够及时了解和掌握火场范围及火灾发展趋势与蔓延方向。

➤ 构建远距离空中通信

森林往往具有地理环境复杂、山高林密的特点,而且与外界通信很困难,无线电通信和各种卫星信号都很差,但是无人机能够搭建中继通信设备,并及时构建应急指挥系统,以便覆盖整个任务区域,同时可以在现场与指挥中心之间搭建信息桥梁,以确保在环境极端恶劣的情况下,能够搭建高效的无线通信线路,构成无线通信网,保证火灾现场的救援人员可以通过信息终端来共享森林火灾的动态信息,将火灾现场的信息及时传递,方便计划和方案的制订。

➤ 辅助救援

现代测绘技术与无人机的融合能够应急测绘森林火灾救援现场,为森林火灾的灭火提供技术支撑,也可以通过无人机下达指令,在无人机上安装语音传输和扩音模块,可以及时告知火场人员撤退线路和危险区域,并借助无人机来传递呼吸器和救援绳等救援设备。可见无人机可以起到辅助救援的作用。随着无人机技术的快速发展,相信未来的无人机系统会给国内的林业发展带来重要贡献。

➤ 森林防火系统

"立体监管无人机系统"是一套稳定的森林防火系统。该系统是以森林火情监测为主,将GPS技术、数字图像传输技术等高新技术综合应用于森林资源管理中的系统平台(图9-12)。

图 9-12　无人机森林防火系统

无人机可根据不同火灾情况分配利用好不同资源（图 9-13）。

图 9-13　多旋翼无人机火灾现场及固定翼无人机森林巡检

无人机巡检及无人机热成像（图 9-14）。

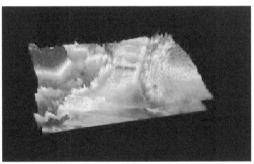

图 9-14　无人机巡检及无人机热成像

（三）应用案例

2019 年,广东省云浮市云安区为有效减少和预防森林火灾的发生,启用无人机对全区森林防火重点区域进行防火巡查。在使用无人机开展森林防火巡查的同时,还结合地面视频监控系统、检查站与巡山护林员人技协同、地空配合,形成了"空—陆立体式"火情监测格局。这一举措有效缩短了森林巡查时间,一旦发现着火点,可以第一时间调配人员进行灭火,极大提高了预防与扑灭森林火灾的综合能力(图 9-15)。

图 9-15　森林消防队员利用无人机进行防火巡查

第三节　无人机在应急领域的应用

一、医疗物资运输

（一）需求分析

作为网联通信的一种全新手段,5G 网络的广覆盖、低时延、高安全性、高行业赋能等特性,在无人机飞行管理应用领域具有显著优势。目前浙江移动已经在 5G 无人机的应用方面开展了探索实践。5G 无人机在即时配送领域、环境保护、突发事件图像采集、医疗设备运输、应急救援和构建智慧城市等多方面进行应用融合。目前项目试点进展顺利,5G 网联无人机物流配送已可初见端倪(图 9-16)。

图 9-16　无人机多维度 5G 智慧急救指挥平台

(二) 解决方案

在 5G 无人机医疗配送中,无人机从血液中心将急救所需特殊药品配送至医院,从接到配送指令到送达医院总耗时 7 min(地面道路交通则需要 20 min),急救药品接收后可立即进行抢救。无人机空中医疗急救网络有效地避免了道路的拥堵,为患者赢得宝贵的急救时间。

无人机空中医疗急救网络将能配送血液、检验样本、急救设备,甚至人体器官,飞行过程通过 5G 网络实现全程监视,非常安全、可靠、快速。这是医疗和民航在医疗急救领域的一个全新探索,为今后相关应用提供了全新思路。

(三) 应用案例

2020 年年初,新冠疫情席卷全国,军委科技委国防科技创新快速响应小组(重庆)迅速调集无人机执行"疫情区应急作业",将医院急需的医疗和防疫物资运送至武汉金银潭医院。该无人机是通过接入智能无人运投管控系统,实现了无人化运力的统一调度指挥。该项目为疫区构建了"非接触式"空中应急运输生命通道,实现了精准应对亟须物资运输(图 9-17)。

图 9-17　无人机疫情区应急作业

二、空中喊话

（一）需求分析

交通管制：当出现交通拥挤，交警无法现场指挥的情况时，无人机搭载空中喊话器和实时图传可以实现远距离交通指挥。

救援现场：当发生火灾，混乱的场面和嘈杂的声音，使得地面的指挥意图很难传达给高层被困人员时，无人机搭载空中喊话器可以更好地让高层被困人员听到地面指挥声音。

闹事现场：当大型聚众闹事现场无法控制时，无人机搭载空中喊话器可以很好地传达警察警告声音。

（二）解决方案

空中喊话器即以飞行器为搭载平台，可以进行无线空中扩音的装置。喊话器主要是由地面手持端和机载扬声器构成，两者之间是无线通信，主要用于现场指挥。目前，喊话器呈现出各种各样的技术状态，有的集成一体化，接收模块内置于扬声器中；有的在扬声器上外挂语音通信模块；有的把对讲机固定在扬声器上拼起来；有的集成其他的功能，比如警音、警灯、探照灯等。

基于用户的使用场景，要求无人机机载喊话器（图9-18）具有以下特点：

图9-18　无人机机载喊话器

（1）音量要足够大，声音要清晰洪亮、穿透力强，有震撼力，不能有杂音。

（2）地空无线通信要抗干扰能力强，传输距离远，信道不能被挟持，也不能被无人机上的数传和图传射频干扰。

（3）机载扬声器体积小、重量轻，不能影响无人机的飞行姿态和续航能力。

（4）扬声器的磁铁不能干扰飞控的指南针传感器。

（5）具有二次开发的能力，用于后期的通信链路控制和功能叠加。

（6）外观美观，和无人机整体设计风格相匹配。

（三）应用案例

在新冠疫情的防控过程中，为充分保护广大人民生命安全，广西壮族自治区南宁市公安局警航支队派出无人机工作组到各村镇，利用无人机喊话进行疫情防控宣传（图9-19）。为了让群众意识到新冠肺炎疫情防控工作的严峻性和重要性，在喊话过程中，喊话的人员要求大家在疫情防控期间服从安排，听从指挥，少出门，不聚集，注意做好个人卫生和环境卫生。

图 9-19　利用无人机进行疫情防控宣传

三、灾后评估

（一）需求分析

近年来，无人机的应用使得灾害间建筑物破坏、次生灾害等调查和评估的准确性与精确度大大提高。无人机获取到的高清晰影像及数据成果，可为应急指挥部提供可量化的指标用于灾情评估，及时判断受灾位置和范围、灾害损毁程度、合理布控抢救方案，最大限度减少灾害损失，为抢险救灾和灾情评估提供及时可靠的数据支撑。

（二）解决方案

在地质灾害应急救援中运用无人机三维建模技术，让无人机先探路，可大大降低地质灾害应急调查的劳动强度和作业风险。无人机生成受灾区域快拼图、TDOM（True Digital Orthophoto，真正射影像）、2.5维度模型等数据成果，提交救灾指挥部，为灾情研判、救灾指挥提供有效的数据支撑，为生命财产的救援争取宝贵时间。

无人机数据在灾后救援中的运用有利于两个方面：一是可以了解灾情现状；二是可

以用于灾情评估(图9-20)。

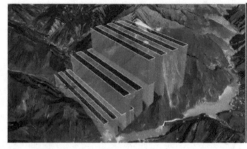

图9-20　无人机灾后评估

通过无人机软件可快速获得测区正射影像图(1 个架次,9 cm 分辨率,328 张影像,30 min 完成快拼图输出),地质专家可从正射影像图上准确查看滑坡区域面积、位置,并查看其影响区域,还能在高清晰影像上查看地面房屋倒塌,道路断裂、堵塞等现象,为应急救灾指挥部提供可量化的指标,用于灾情评估(图9-21)。

图9-21　无人机采集的滑坡区域道路阻断正射影像图

无人机管家可获取受灾区域的三维地图,可查看灾害前后的地形变化,如河流受滑坡区域影响被迫改道,且高精度地形数据可进行位置、距离、面积及体积信息统计,其土方量的统计可为道路疏通工程、实施救援行动提供可靠数据信息,保障指挥决策准确无误,为抢险救灾争取宝贵时间。

无人机灾后评估管家系统弥补了卫星遥感和载人航空遥感的不足,使得灾后评估更加快速、准确。

(三) 应用案例

2017 年 8 月 8 日,九寨沟发生地震后,四川省委省政府成立"8·8"九寨沟地震抗震救灾应急指挥部,四川省测绘应急保障中心迅速完成应急测绘队伍集结,由 19 名专业技术人员携带 5 架无人机和通信设备、测量设备等立即开展测绘工作。最终,四川地震局迅速编制完成了"'8·8'九寨沟7.0级地震抗震救灾指挥图"（图9-22），为四川省应急指挥部的决策提供了宝贵依据。

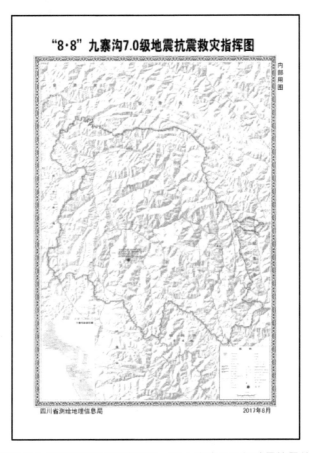

图 9-22　利用无人机测绘数据编制的"'8·8'九寨沟7.0级地震抗震救灾指挥图"

四、应急喷洒

（一）需求分析

随着科技的发展，无人机消毒防疫技术开始广泛应用在卫生防疫方面，无人机喷洒消毒技术对提高防疫防化水平、统防统治的专业化水平、提高消毒喷雾的利用率、提升抗击疫情的效率具有重要的作用。

（二）解决方案

消毒防疫无人机采用的是GPS定位系统，前期只要对需要作业的区域进行测量登记,并标记需要规避的水塘、大树、电线杆等,然后再把这些数据转换到手持终端上,无人机便可以按照设定好的路线、区域及喷洒要求进行作业。新冠肺炎疫情是消毒喷洒的需求高峰期。现在,在消毒防疫无人机的帮助下,很多地区的防疫消杀任务可以用无人机解决,既提高了消毒防疫的效率,又节约了成本。

(三)应用案例

在2020年新冠疫情发生的背景下,陕西省咸阳市充分利用植保无人机等现代新型农业机械快速高效消杀作业的优势,在重点城镇、乡村和人员流动量较大的场所,开展立体化、规模化、全覆盖飞防喷洒消杀作业(图9-23)。

图 9-23　利用无人机喷洒消毒液

五、应急防空

(一)需求分析

在接到应急防空指令后,警用无人机可在第一时间飞往防空区域,实施防空预警喊话、预警短信群发、防区空中侦察、防区夜间照明、应急通信等。

(二)解决方案

在接到应急防空指令后,六旋翼无人机可搭载空中喊话模块,第一时间飞往防空区域上空,对防区群众实施紧急空中喊话,对人群进行引导和疏散;同时可搭载空中手机取号模块,提取防区群众的手机号码,并及时给防区群众发送疏散短信,对人群疏散进行短信提示,引导群众有秩序地疏散。

在防区群众疏散过程中,固定翼无人机可搭载视频侦察设备,对整个防区实施大面积空中侦察,实时监控疏散现场的全局动态,为后台指挥决策提供全面、宏观的现场情报支撑;六旋翼无人机,可搭载系留模块和侦察模块,对重点区域实施360°的长时间、定点监控;上述侦察视频均可实时传输至指挥中心,为指挥决策提供第一手素材。

(三)应用案例

2019年,在"甘青-2019"人防通信跨区域联合演练中,兰州人防新购置的无人机首次参加此次训练演练,并出色地完成了自主操作、信息侦查、应急通信等训练任务。训练中,首先,无人机第一时间飞向模拟事故现场,通过微波图传将采集的实时信息回传到地面站和本级机动指挥所,再利用卫星通信将现场采集的高清视频回传到地面应急指挥中心或其他人防指挥平台;其次,空中的无人机与地面的单兵、信息采集车形成空、地联动实时监控,图像落地后接入高清矩阵,实现图像共享、图像集中控制和调度,最后为指挥人员提供全面直观的信息和决策依据。无人机通信系统接入兰州市人防机动指挥所平台,标志着兰州市人防指挥通信能力迈入一个新的发展阶段(图9-24)。

图9-24 无人机实时传输系统

六、应急测绘

（一）需求分析

近年来,我国自然灾害、工厂意外事故频发,建立应急测绘体系,逐渐被提上了日程。无人机应急基地依托现代通信技术,确保突发事件发生后1 h内快速反应,2 h内提供应急专题图,4 h内提供灾情影像视频信息,并与省政府应急指挥中心互联互通,为领导开展灾情研判、指挥决策、灾害评估及灾后重建提供重要依据。

（二）解决方案

应急测绘包含地震应急测绘、震后煤矿塌陷区大面积沉降应急测绘、房屋坍塌应急测绘、山体滑坡应急测绘、矿山塌陷应急测绘等,利用无人机获取航空影像,并进行数据处理,实时将应急测绘保障成果回传至总指挥部(图9-25)。

图9-25　无人机应急测绘

对于应急事件,无人机能够及时对监测区域采取大范围监测,迅速生成监测区域的清晰的图像数据。

针对不同航高,无人机在进行大范围、高空间的监测的同时,还能够对较小面积、地空间进行精准监测。

（1）无人机技术的影像分辨率的范围在0.1~0.5 m,比目前国内外的高分辨卫星影像数据的分辨率都要高,同时,其采集数据速度较快,处理效率也很高。

（2）无人机技术可以与 GIS 或遥感应用系统进行集成处理,测绘测量应用也能够很便捷快速地进行搭载,为测绘测量工作的综合性和周期性提供了良好的保障服务。

（三）应用案例

天津"8·12"危险品仓库火灾爆炸事故现场,北京市消防总队支援的四旋翼无人机组在爆炸后的次日凌晨即赶到现场,按照指挥部命令迅速起飞侦查,第一时间提供了整个现场的 360°全景图,并传输现场实时视频画面,当时央视等媒体也采用该无人机拍摄的视频和图像,首次向全社会公布。当 13 日下午现场再次发生爆炸,有毒区域面积扩大时,参战官兵暂时撤离,同时指挥部命令提供现场信息,无人机随即进入爆炸现场腹地进行拍摄和图像实时传输,为正在指挥的公安部领导决策提供了依据。在整个救援期间,指挥部多次发布无人机出动命令,并对无人机拍摄工作做出"既要全景拍摄,又要监控重点部位"等具体指示。四旋翼无人机组在前期救援爆炸危险极大、其他参战官兵无法进入现场的情况下,为指挥部提供了大量现场视频和图像,为各级领导指挥决策提供了有力依据。据不完全统计,仅北京市消防总队无人机组在参战的前 8 天中就飞行 100 余架次,实时监控 50 多个 h,共拍摄视频 70 段,照片 1 000 余张,得到了各级领导的高度肯定。

七、危险化学品监察

（一）需求分析

近年来,我国石化企业发生的承压类特种设备泄漏、爆炸、火灾事故数量有增长的势头。事故若发生在装置林立、错综复杂的过程装置厂区和一些大型危化品存储设施中,如大型原油储罐、大型乙烯球罐、天然气球罐、液化气球罐、有毒介质储罐等,可能会发生非常严重的泄漏、火灾甚至爆炸事故,常常造成大量的人员伤亡、重大的经济损失或严重的环境污染,其后果将严重影响社会安定。

（二）解决方案

➤ 现场侦查

在灾害发生时,当现场有爆炸、毒害等危险时,侦查小组抵近侦察困难,风险性大,可利用多旋翼无人机的机载可见光、热成像摄像头等器材进行侦查,既提高了侦查效率,又减少了人员伤亡的危险。

> **现场监控**

在大型灾害处置现场或大型活动现场,利用多旋翼无人机悬停在一定区域和高度进行实时监控追踪,能够将现场宏观或精确的情况及时传现场指挥部,甚至通过网络传给异地的指挥机关,使各级指挥员随时掌握现场动态,从而做出快速、科学、准确的决策。

> **快速绘图**

多旋翼无人机配合专用的绘图软件,可以在极短的时间(起飞拍摄加上合成制作时间仅需要十几分钟)内合成并标绘出现场的全景图,为指挥决策提供科学准确的依据。

(三)应用案例

2016 年,为进一步推进危险化学品安全专项整治工作,江苏省连云港市赣榆区安监局拓展监管方式,对全区危险化学品重大危险源企业进行高空航拍,通过对回传照片和视频的分析,及时掌握新上项目建设进度和企业生产运行等实时情况。工作人员可通过屏幕清楚地看到回传画面,监控企业的各个装置实时运行情况。无人机高空航拍、巡视全景的优势,有效弥补了人力在企业巡查工作中的不足,特别是掌握了露天储存装置和设施设备的实时运营情况,有效地提高了监管效率和精准度。

八、防洪抗旱

(一)需求分析

据统计,我国洪水灾害造成的经济损失和人员伤亡,在各种自然灾害中居第一位。为了预防和应急这一险情,我国出台了各种预防措施与应急措施,而无人机的使用是现代抢险技术应用的一种方式。无人机在日常防汛检查和遇到洪水险情时,可克服交通受阻等不利因素,快速赶到出险空域,根据机上所载装备,实时传递影像等信息,监视险情发展,为防洪决策提供准确的信息,同时最大限度地规避风险。无人机的使用,使防汛抢险中的人身安全得到进一步保障。为了保障政府和其他应急力量在洪涝灾害或旱情来临时,可以快速、及时、准确地收集到应急信息,通过多种方式进行高效的沟通,为领导提供科学的辅助决策信息,苏州中飞遥感利用先进的信息技术和控制技术,推出了具有先进应急理念的中飞立体监管无人机系统。中飞立体监管无人机系统主要面向各级政府部门,实现了紧急突发事件的受灾区域跟踪、搜索、侦察和支持;满足突发事件的上报、相关数据的采集、紧急程度的判断、实时监控、联动指挥、应急现场支持、领导辅助决策等方面的需求。

(二)解决方案

国内常用的防洪抗旱解决方法:经过数年的信息化建设,防汛信息采集传输系统已经形成。太空中有卫星专用转发器传递水情信息,地面上有移动通信车、防汛无线专网、国家公网等信息采集传输手段。但是在天空中使用航空器材开展防汛信息采集则仍然是空白,以移动通信车为例,它可以将采集到的信息实时发送到卫星上转发到防汛指挥中心,但它的图像采集是用人工的办法,要人冒着生命危险去现场用摄像机拍摄采集,而一些人去不了的地方,移动通信车也就没办法了。通信车虽然有一定的越野能力,但它下不了公路,作用有限,无法为后方的决策会商系统提供更多的信息支持。

无人机防洪抗旱解决方法:无人机航空遥感技术作为一项空间数据获取的重要手段,具有续航时间长、影像实时传输、高危地区探测、成本低、机动灵活等优点,是卫星遥感与有人机航空遥感的有力补充。无人机在日常防汛检查中,可以立体地查看蓄滞洪区的地形、地貌和水库、堤防险工险段。遇到洪水险情时,可克服交通受阻等不利因素,快速赶到出险空域,根据机上所载装备,实时传递影像等信息,监视险情发展,为防洪决策提供准确的信息。小型无人机携带非常方便,到达一定区域后将其放飞,人员可以在安全地域内操控其飞行,并进行相关信息的实时采集、监控,为防汛决策提供保障(图9-26)。

图9-26 无人机采集的实时画面

（三）应用案例

2020年，受上游来水持续加大和长江洪水顶托等影响，洞庭湖水位持续上涨，7月4日，洞庭湖的标志性水文站——城陵矶站水位超警戒，自此洞庭湖水位全线超警。作为洞庭湖及长江流域水情"晴雨表"，城陵矶站超保证水位，意味着整个洞庭湖区防汛形势进入非常紧急的状态。

自7月5日起，湖南省水利部门开始利用大疆无人机对洞庭湖河段开展防汛检查（图9-27）。大疆经纬M300RTK从岳阳城陵矶七里山水文站起飞，沿洞庭湖北上约7 km后与长江相遇。借助远达15 km的图传系统，无人机持续为湖南省防汛抗旱指挥中心稳定传输影像，帮助防汛指挥中心第一时间掌握情况。

图9-27　无人机对洞庭湖河段开展防汛检查

第十章
无人机文体行业应用解决方案

第一节　无人机在飞行娱乐场馆的应用

（一）需求分析

驾驶飞机翱翔蓝天是人类的梦想。航空爱好者通过航模运动实现了自己的飞翔梦。现在的航模运动基本规则是根据航模比赛要求，自己动手制作航模，训练飞行，参加航模比赛。这使得实现飞翔梦受到诸如制作航模的条件、训练飞行的场地、航模比赛的组织等方面的限制。

近年来，四旋翼飞行器以其简单的结构和稳定的超低空性能，成为航模新宠，得以流行。

"飞行娱乐馆"项目是以四旋翼为主，在体育场馆内进行娱乐飞行。由飞行爱好者租用娱乐馆的飞行器，根据设定的娱乐飞行项目规则，享受娱乐飞行的乐趣，让更多的飞行爱好者更加容易地实现自己的飞翔梦。

（二）解决方案

1. 硬件设施

（1）娱乐馆场地：租用现有体育场馆，面积 1 000 m² 以上，高度 10 m 以上（图 10-1）。

图 10-1　飞行娱乐馆

（2）飞行器：根据娱乐馆场地条件，以每 10 m² 配备一架四旋翼飞行器（图 10-2）。

图 10-2　飞行器操作

（3）电池和充电设备：根据飞行器数量及经营时间，配备机载电池和充电设备。

（4）隔离网：飞行娱乐馆中可设多个飞行项目区，各项目区间用隔离网进行隔离。飞行区底部设置防护网。隔离网和防护网可快速架设与拆撤。

2. 项目区设置（图 10-3）

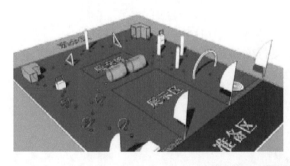

图 10-3　项目区设置

（1）初学教练区：针对初学者进行基础飞行操作培训，达到一定操控水平后方可进行其他飞行项目区的娱乐。

（2）常规航道区：设置环形常规航道，由简单直线和弯道组成，分高度层。飞行者操控飞行器按规则进行平稳飞行，保持飞行器间隔防止碰撞，按高度层超越其他飞行器

（图10-4）。此项目可设定为比赛项目,以在航道中飞的行时间长短评定胜负。

图10-4　穿越机训练

（3）障碍航道区:在航道中设置各类飞行障碍,如屏风、铁圈、回转杆等。飞行者操控飞行器在航道中按规则超越各类障碍物。

（4）空中芭蕾区:飞行者操控飞行器在空中进行各种姿态的飞行舞动。可以是个人独舞,也可是多人群舞。此项目可设定为比赛项目。

（5）其他影视航拍区:飞行者操控飞行器对场景和模特进行航拍。

（6）编队飞行区:由多名飞行者操控飞行器在空中进行编队飞行。

（三）应用案例

2017年,翼飞客无人机主题乐园(图10-5)在上海正式开业,位于上海市杨浦区和平公园附近的旭辉商业广场,是一栋独立的建筑物,占地面积500 m²,具有无人机儿童娱乐、无人机白领娱乐、无人机对战、无人机实训等众多类别的服务项目。

图10-5　翼飞客无人机体主题乐园

第二节　无人机在5G直播领域的应用

（一）需求分析

近几年,中国国内无人机市场随着航拍等走进民众,出现暴发式增长。无人机在民用方面的应用越来越多,无人机已经广泛应用于公共安全、应急搜救、农林、环保、交通、通信、气象、影视航拍等多个领域。无人机使普通民众都能进行航拍,可以方便地进行以前只有专业航拍摄影师才能完成的拍摄。中飞提供的解决方案可将实时的航拍画面发布至网络直播。5G的理论带宽可以达到20 Gbps以上(图10-6)。目前已建设的实验网络中,也已经普遍达到了1 Gbps的速率,这个速度是4GLTE的10倍以上。在这个速率的支持下,无人机可支持4K甚至8K的超高清视频。

图10-6　无人机5G直播

（二）解决方案

使用无人机显示器转流发布直播(图10-7)。

图 10-7 无人机显示器转流直播图

无人机机载现场 360°高清全景摄像头完成图像采集,将直播现场画面通过 5G 网络回传至演示区和网络直播平台,给用户带来沉浸式直播视频体验,仿佛身临其境,更具备低时延、超高清的特点。

5G 本身技术特点:高速度、低延时。但我们平时看到的视频直播是有一定延时的,常见原始画面和直播输出后画面都是有几秒至几十秒的延时,这部分延时由信号接入编码、IP 传输、解码等组成,和传输协议有很大关系,常见采用普通 RTMP(Real Time Messaging Protocol,实时消息传输协议)、HTTP(Hyper Text Transfer Protocal,超文本传输协议)等协议,而 8K 直播全新采用国内自主研发的定义的 GRMP(General Router Management Protocal,通用路由器管理协议)协议,从编码—传输—解码,展现出来画面和原始画面间的延时在 0.3 s 之内。而这延时也是目前 8K 直播保持最低延时的纪录。本项技术结合 5G 本身在工业自动化、远程视频回传控制、指挥等方面非常有意义(图 10-8)。

图 10-8 5G 图传模块

同时,5G 还能支持超高清 VR 直播,未来我们可以借助无人机在一个街区内就实现 10 万个高速视频的连接,使所有的人都可以拥有 VR 体验,全程享受高速度、高刺激的观赛感受。

（三）相关案例

2019 年 3 月,中国山地马拉松系列赛——信阳鸡公山站在鸡公山风景区正式开赛（图 10-9）。信阳市应用 5G 网络在鸡公山风景区游客接待中心,为各媒体提供赛事网络直播视频,这是信阳市首次利用 5G 网络进行大型室外活动赛事网络直播。

图 10-9　2019 中国山地马拉松系列赛——信阳鸡公山站

2018 年,河北省雄安新区第一栋地标性建筑"市民中心"主体工程建设完工。在建设过程中,无人机的高清视频直播提供了从空中俯瞰的实时画面(图 10-10),为近距离观察市民中心建设情况提供了极大的便利。

图 10-10　雄安新区建设过程中无人机实时直播画面

第三节　无人机在机群表演领域的应用

（一）需求分析

近两年,无人机编队表演可谓最火爆的灯光秀表演,它特有的科技感、强可塑性、艺术性受到了众多晚会节目、发布会、活动现场、景区表演、婚礼现场的青睐。与其他的灯光表演不同,无人机编队表演无论是室内,抑或是室外,其可定制化满足了大众独一无二的专属表演的需求,同时不停地推陈出新,适应市场的快速发展,将前沿科技的魅力展现得淋漓尽致。无人机编队表演(图10-11),将文字、造型等于夜空中放大呈现,获得更好、更具个性的展示。

图10-11　无人机编队表演

（二）解决方案

（1）无人机编队飞行只需一台电脑控制,操作界面上能显示无人机群的数量、速度、高度、定位,只需要一个人点击启动,几百架无人机即可腾空而起组成既定图案。

（2）如果有无人机"掉队",飞机会自动调整,迅速回到任务的执行中。如果这套指令失效,无人机会自动启用备案指令,选择自主悬停、返航,退出队伍,为"队友"让路。

（3）系统既可按照预订方案飞行,也可进行实时操作,配合地面编排节目,地面站也可以对单个飞机发出指令,随时变换位置或者灯光颜色等(图10-12)。

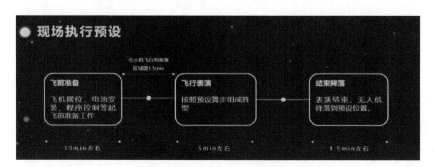

图 10-12　无人机表演流程

　　大规模无人机协同运动需要解决授时、导航、抗干扰、路径协调等多个难题。为了解决干扰和控制问题,每架无人机都有独立的 IP 地址,就像计算机在网络上的地址一样。无人机地面站同时对上千架无人机进行控制,并接收它们实时反馈的数据。

　　公司采用国内开放的 2.4G 频段通信,集群控制理论上可以做到上万台,但是 2.4G 频段带宽非常有限,需要不断地优化通信数据。尽量减少每台飞机和控制台之间的数据量,既能保证最低量的通信,又可以利用有限的带宽传输更多数据。另外,2.4G 频段最为开放,自然干扰也特别大,常会有编队掉线或停止响应的情况。因此,公司在一台飞机上安装有三套不同的通信方案,形成冗余控制系统,做到地面站实时控制与程序自主飞行相结合的模式。

　　当控制信号被干扰、丢失或停止响应的时候,无人机内部的预置程序也能独立完成编队飞行,以克服因信号干扰导致的表演失败的情况。起飞的时候,地面站会初始化所有无人机的时间,以确保无人机在天空中可以按照统一的时序进行自主飞行。尤其是队形变化的时候,如果时序不对,无人机就可能撞到一起。

　　千架无人机分布在一个不算广阔的空域中,编队非常密集,天空中每架无人机之间的距离只有 3~5 m。普通无人机采用 GPS 和 GLONASS(Global Navigation Satellite System,全球卫星导航系统)双星定位时(图 10-13),理论上定位精度为 1 m,也就是机与机之间的误差为 2 m,这对表演来说是一次巨大的挑战。为了确保安全,大规模表演无人机通常要采用 RTK(Real-time Kinematic,实时动态)差分定位系统。它能够实时地提供测站点在指定坐标系中的三维定位结果,并达到厘米级精度。

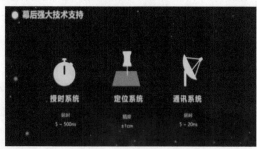

图 10-13　GPS 和 Glonass 双星定位

（三）应用案例

2020 年 10 月 14 日晚，吉林省长春市举办了无人机产业博览会，这是我国无人机领域展示面积最大、参展企业最多、参展无人机数量最多、参展企业实力最强、布展水平最高、活动内容最丰富的博览会。此次博览会期间在友谊公园连续 3 天进行 1 000 架无人机集群表演（图 10-14）。

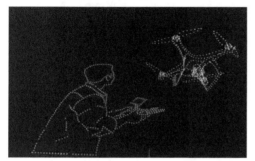

图 10-14　无人机集群表演

第四节　无人机在影视剧拍摄领域的应用

（一）需求分析

随着无人机及配套影像系统的发展，传统影视航拍中部分需要高昂的人力及财力成本才能完成的复杂镜头，已经可以通过技术手段来大大降低消耗。比起一般飞机，无人机有几大优势：便于起飞、操作性强、灵活度高。无人机航拍系统中的零延时无线图传设备、机载增稳云台、地面遥控拍摄车，更是让影视航拍具备不受地形限制，高、低角度镜头无障碍拍摄的特点。以上优势大大降低了影视剧拍摄的制作成本。

（二）解决方案

多旋翼无人机在增稳云台上搭载拍摄任务设备进行影视拍摄（图 10-15）。

图 10-15　无人机进行影视拍摄

无人机在影视航拍中的典型拍摄方式有：

1. 旋转与环绕

旋转方式中，无人机悬停在空中，操控镜头旋转一周进行拍摄，获取一种全景式的拍摄效果。环绕方式是以被摄主体为中心，操控无人机保持一定的速度环绕飞行，完成被摄主体的环绕拍摄。环绕航拍方式多以拍摄静态孤立目标诸如风车、灯塔等为主。

2. 拉升与下降

升降是常用的航拍镜头语言，视野从低空到高空，或者从高空到低空，能够表现出短时间变化内的不同高度下的景别变化。升降镜头可分为常规升降和俯视升降，其中常规升降是指在镜头向前的情况下，无人机垂直拉升或者下降高度完成航拍；俯视升降是指在镜头向下的情况下，无人机垂直拉升或下降高度完成航拍。在俯视拉升航拍方式下，拍摄视角是从空中俯瞰拍摄对象，随着高度的增加，视野从局部迅速扩展到全景，凸显壮观的画面效果。

3. 直飞与倒飞

直飞航拍方式是简单常用的航拍方法，多用于拍摄海岸线、公路等目标。在该方式下，固定好镜头角度并操控无人机保持一定高度直线飞行即可。根据镜头角度，又可分为平视直飞和俯视直飞。倒飞是直飞的相反方式，根据镜头角度也可分为平视倒飞和俯视倒飞，在倒飞方式下，前景不断地出现在面前，获取由近及远的画面，体现出大场景的视野。

4. 侧飞

在拍摄被摄主体的画面时，侧飞是常会用到的一种拍摄方式。无人机侧飞的速度与被摄主体运动速度保持一致，被摄主体在画面中的位置相对静止，能够展示出拍摄对象的运动方向及状态，使观众的视线能有所停留。在汽车广告或公路电影中常会见到这类镜头。

5. 对冲镜头

对冲镜头是指无人机和被摄主体在同时以较高速度相向运动时完成的拍摄镜头，能够最大化表现出被摄主体的速度和冲力。拍摄对冲镜头时，无人机通常处于低空飞行状态，其呈现出来的画面速度感强，有极强的视觉冲击力，常用于拍摄汽车或是滑雪、冲浪等运动项目。此外，通过航拍方式获取特定位置和角度的高质量图像，运用基于图像的三维建模技术，完成场景模型的三维重建，是近几年无人机航拍在影视制作中兴起的一种应用方式。无人机航拍，通过科学合理地设定路径规划，完成特定位置和角度的无人机飞行，获取可应用于三维场景建模的图像。这种方式技术手段灵活、便捷，使用性价比高，应用范围广，是影视虚拟化制作中便捷高效的场景建模手段之一。

（三）应用案例

在《如果蜗牛有爱情》这部电视剧中，有很多无人机航拍镜头，由远及近，180°旋转，电视剧开篇就是在越南的一段无人机航拍，大气磅礴，画面色调凝重，给人以电影大片既视感。无人机不仅在电视剧拍摄方面，而且在航拍领域的应用越来越广泛。

第五节　无人机在文物古建保护领域的应用

（一）需求分析

中国古建筑历史悠久，具有很高的文化价值，它们以独特的风格在世界建筑史上占有重要地位，有着极高的艺术成就和科学价值。而且古建筑和其他一切历史文物一样，不能再生产与建造，一经破坏就无法挽回，保护意义重大。传统考查及纸质平面记录方法，资金消耗大、时间长，而且容易对古建筑遗产造成二次破坏。

无人机倾斜摄影测量技术作为一种新兴的方法，数据采集范围大、效率高，将为文物古建筑保护提供新的技术手段，而且无人机倾斜摄影技术结合地面纹理采集，还可以在很大程度上解决文物拍摄距离较远、留有阴影、建筑自身结构相互遮挡等问题，能够精细、完整地还原文物的三维数据信息。

（二）解决方案

融合无人机与相机影像的三维重建方法是基于倾斜摄影测量技术，其基本原理如下：使用无人机及相机完成对文物多角度、全方位的影像数据采集，得到文物多个角度的纹理影像;通过相关的算法识别、提取出多幅影像间的同名像点,通过摄影中心、物点及像点的共线条件方程得到同名像点的概略位置,完成影像匹配;基于影像的内、外方位元素,建立与测区对应的航带模型或区域网模型,采用解析法对多条航带进行联合整体平差,完成空中三角测量;通过密集匹配生成密集的三维点云;根据点的空间相对关系,构建出不规则三角网;根据纹理影像和三角形面片之间的空间关系完成纹理映射,最后输出带有真实纹理的三维模型。融合无人机与相机影像的三维建模流程主要分为两个部分:影像数据采集和三维模型重建。流程如图10-16所示。

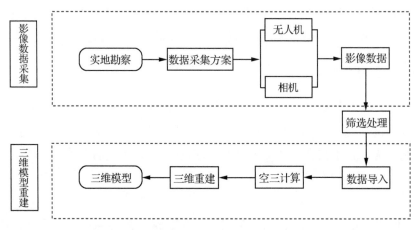

图10-16 利用无人机保护古建筑的技术流程

(三) 应用案例

苏州古城是江南地区的文化中心,三千年的吴文化根基,两千五百年的春秋故都。一千年的唐代城市格局和八百年前宋代街坊风貌及明清五百多年的盛世文明,给这座城市留下了15处全国重点文物保护单位、101处江苏省级文物保护单位、423处苏州市文物保护单位、560处控制保护建筑群落。

2018年,苏州市政府牵头开展了无人机"智慧文化古建筑三维应用管理平台"建设。整个平台以2D+3D立体影像地理基础信息为基础,构建全市文物古建筑三维立体管理平台。平台紧扣"文物古建筑真实还原"的主题,以立体真三维模型模拟现实空间,并辅以丰富的地理矢量、遥感影像数据基础,借助互联网的手段,以文物古建筑大数据服务系统(地址编码、全文检索、空间数据引擎)为支撑,整合市内最新的空间信息数据。平台分为八大模块(图10-17),在苏州文物古建管理、数字旅游、古建筑消防保护、违建拆除等方面发挥了重要作用,并且为各级管理部门对各类古建筑进行数据管理、日常维护、消防安全和事件记录提供了有效手段。

江苏省苏州市宝带桥位于市东南,桥的拱石仅用带有榫头、卯眼的石块拼接,设计结构奇特,有"苏州第一桥"之美称。为了收集古代桥梁建筑文物资料,苏州市文物保护管理所委托苏州中飞遥感技术服务有限公司对宝带桥进行立体三维建模(图 10-18、图 10-19)。在建模的基础上,苏州市文物保护管理所与苏州中飞遥感运用探地雷达技术对宝带桥的桥梁结构体内疏松病害、桥墩承重水下部分、桥梁木桥桩分布形态及桥内的病害分层情况进行探测。

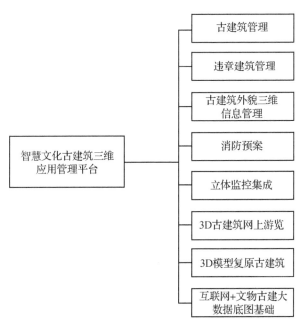

图 10-17　无人机智慧文化古建筑三维应用管理平台八大模块

图 10-18　无人机航拍宝带桥拼接
　　　　影像(部分)

图 10-19　无人机为宝带桥三维
　　　　建模(部分)

第六节　无人机在文化旅游领域的应用

(一) 需求分析

改革开放40多年来,中国旅游业迅猛发展,在很大程度上依赖于我国悠久淳厚的人文资源,特别是历史文化资源。文化旅游特别是以文物为依托的旅游,已经成为中国旅游业的主要支点。但是传统文化休闲旅游所使用的导览地图单调、乏味,无法激发游客旅游兴趣,早已引起了大众的审美疲劳。

使用无人机航拍影像绘制创意手绘地图,可以结合地方文化特色及受众心理认知,在保证地理信息准确的基础上,运用丰富的想象力把感官世界表现出来,使文化旅游的旅途更加生动有趣,更具感染力。

(二) 解决方案

传统景区地图一般通过单纯的图片、文字信息介绍景点,只能显示景区中的重要位置及简单的文字信息,往往显得枯燥。利用无人机航拍影像绘制的创意手绘地图可以结合单个景点的特色,考虑历史进程、该景点发生过的有趣的事情等,描绘一个更易抓住游客眼球的图画,也为游客提供了一次性全方面了解景点的载体。这种便捷式载体的出现,还能通过二次创作、线上线下交互等活动为游客提供更多的信息。

在手绘地图的基础上建立智慧导览导航系统,可以使游客看到这个锚点周边的景点、美食等特色,不仅丰富了城市旅游和景区旅游的推广方式,更结合移动互联网时代的特色,拉近了人与物的距离。

(三) 应用案例

江苏省南京市无想山国家森林公园位于南京市溧水区,是国家级森林公园。为向游客进行景区资源的多角度展示,无想山文旅发展有限公司委托苏州中飞遥感服务技术有限公司建设一套基于手绘地图的景区智慧导游导览系统,该系统具有以下特点:

➤ 手绘地图的应用

使用无人机采集整个无想山景区的正射影像,以影像为蓝本可为整个无想山景区绘制高精度而具有鲜明风格的创意手绘地图,更加生动形象地传递景区独有的文化

（图 10-20）。

图 10-20　无人机影像为无想山绘制创意手绘地图

➤ **精 准 的 点 位 导 航**

为了解决游客查找景区内公共服务的需求，无人机影像系统基于高德地图自有的 LBS 定位导航技术和大数据能力，在手绘地图上实现动态点位精准导航。在普通的地图软件里，餐厅、卫生间、服务亭等公共服务点，可能标注得并不清晰。而景区无人机影像导览系统，支持景区自主标记景区公共服务标识，方便游客快速查找相应服务（图 10-21、图 10-22）。

图 10-21　无人机影像提供景点导航　　**图 10-22　无人机影像提供安全救援导航**

> 语音讲解

针对无想山景区范围广阔,客流量较大,很难为每一位游客提供全面的景点讲解服务的难题,景区通过无人机导览系统,自定义上传了音频解说,为游客提供全面、准确、深入的一对一讲解服务,使游客能够更细致地了解景区人文历史,充分提升游客游园的体验感(图10-23、图10-24)。

图 10-23　无人机提供景点语音讲解(一)　　图 10-24　无人机提供景点语音讲解(二)

> 全景 VR 展示

同时,景区还使用无人机航摄获取景点的全景原始图片;通过特征匹配对原始图片进行图片拼接,构建全景场景。使用移动端观看时,游客可开启移动终端陀螺仪,自动识别方位,使全景视野跟随移动终端的旋转而旋转。全景 VR 作品与智慧导览系统配合,向游客全方位动态地展示景区优质的旅游资源(图10-25、图10-26)。

图 10-25　无人机获取无想山全景
拍摄成果(一)

图 10-26　无人机获取无想山全景
拍摄成果(二)

➤ **灵活配置的后台功能**

　　无人机智慧导览系统的后台,还可以灵活配置发布内容,包括新增、删除、修改景点、服务区域及景区介绍,为景区的发展留下巨大的空间(图 10-27、图 10-28)。

图 10-27　无人机智慧导览系统后台

图 10-28　无人机智慧导览系统新增景点

通过智慧导游导览系统,游客不仅可以一键拥有整个无想山的景区手绘地图及实时导航,方便地享受免费却丰富的专业导游服务,还可以解决自己在旅游过程中遇到的问题,享受旅游智慧化服务。

第十一章
无人机在其他领域的应用

第一节　无人机在气象监测领域的应用

（一）需求分析

随着气象测量传感器,无人机制造、飞行控制及数据处理等技术的进步,无人机气象探测技术得到长足的发展,逐渐成熟并走向应用。这种大区域、长时间、连续气象探测方法在航天器发射与返回、重要武器试验、战场气象测量、恶劣天气监测、龙卷风近距环境探测监视等应用中具有独特的作用和优势。

（二）解决方案

运用无人机的特点我们能获得下列气象数据:温度、气压、湿度、风、真高度、各种图像(数据)、云形成类型和大小、能见度、湍流发生和大小、积冰。无人机气象传感器如图 11-1 所示。

图 11-1　无人机气象传感器

基本的气象观测准确度要求如下:

能见度: ±20%(≥0.1 km,≤10 km);云覆盖(最底层): ±1/8;

云底高：±30 m(0～300 m)，±10%（＞300）；

垂直风剖面：±10°，±2.5 m/s；

云顶高：±150 m(≤1 000 m)，±20%（＞1 000 m）；

地面风：±10°，±2.5 m/s；

地面温度：±1°；

垂直剖面温度：±1°；

地面相对湿度：±5%；垂直剖面湿度：±5%；气压：±2%。

为了进行天气预报，世界气象组织(World Meteorological Organization，WMO)规定了气象观测要素，其中一些要素可以直接测量，另一些要素由主观估测。主观估测用可见光、红外线和微波成像仪进行探测，所有设备的重量、体积等必须适合系统选择的无人机。无人机拍摄雾霾覆盖面积(一角)如图11-2所示。

图11-2 无人机拍摄雾霾覆盖面积(一角)

（1）直接测量。将无人机挂载常规气象传感器，对气象参数直接测量，主要是指温、湿、压等参数。无人机自身平飞。垂直飞行和低飞，可测量到各层面的气象参数。水平飞行时飞机常保持一定的气压高度。为了更准确地测量地面气象数据，无人机必须降至150 m高度低空飞行(图11-3)。

（2）遥感测量。随着遥感技术的发展，无人机将以遥感测量为主。主要设备有宽波段红外辐射器、宽波段微波被动辐射仪、宽波段太阳被动辐射仪、能见度仪和多普勒雷达等。红外探测分辨率高，可以探测温度和水汽分布，但它不能透过云层。可携带微波辐射器，测量各种云图。

（3）空投探空仪和数据中继。无人机挂载10个空投探空仪，在$50 \times 50 \ km^2$的面积上均匀散布，下降时间一般为几分钟，测量的数据由无人机中继回转。

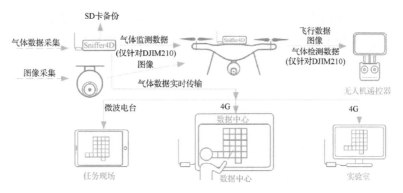

图 11-3　无人机气象监测流程

(三) 应用案例

2020年,《封面新闻》记者获悉,四川省一家科技企业派出的大型双发长航时双尾蝎无人机携带包括气象雷达、激光测风雷达、光电侦察吊舱和温湿压探测器等多种气象探测设备,完成了对台风"浪卡"海上观测作业。台风中心位置距离海南省万宁市偏东方向约740 km,强度等级为热带风暴,最大风力8级18 m/s(约65 km/h),中心气压998 hPa。双尾蝎无人机接到指令从海南省博鳌机场起飞,跑道风速达到6级12 m/s。起飞后无人机直奔台风"浪卡",对台风路径前侧的内部环流开展风场结构及洋面风浪高分辨率观测(图11-4)。

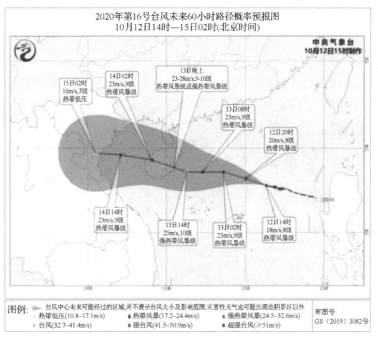

图 11-4　无人机探测台风路径概率预报图

本次飞行在国内首次实现了大型无人机在台风路径前侧长时间的内部观测,通过机载激光雷达,实现了台风7级风圈内的高精度连续风场测量,这在亚太地区尚属首次。通过无人机与海面浮标协同,在国内首次实现了台风内部浪场的空海一体化观测。

第二节　无人机在安全防疫领域的应用

（一）需求分析

2020年1月中旬,我国新冠肺炎疫情防控进入关键时期,全国各地将对疫情的防治工作摆在了首要位置。在这种情况下,无人机为安全开展疫情防治工作增效。随着春运返程带来的人员流动,疫情防控难度进一步加大。在疫情防控工作中,无人机广泛应用于广播喊话、高空巡视、喷洒消毒等作用,成为一线工作者开展防疫工作的得力帮手。

（二）解决方案

> ### 喷洒消杀

自2020年新冠肺炎疫情发布以来,各大街道小区等都需要进行全面的消杀工作,人工作业需要消耗大量的人力资源,且工作人员的安全得不到保障,采用植保无人机进行空中消杀(图11-5),在做到了高效作业的同时保证人员安全,降低了作业风险。

图11-5　无人机空中喷洒消杀

➢ **巡逻疏导**

在春运返程期间,人员流动量大幅上升。通过无人机,及时对拥堵的道路交通进行疏导,减少执勤工作中人员之间的近距离接触。对辖区情况快速巡查,及时发现问题,采取对策。同时全面排查街道、社区、乡村等公共区域,及时发现违规聚集人员。

➢ **防疫宣传**

通过无人机携带喊话器,进行防疫知识的推广宣传,重要消息的及时广播通知,对于违规聚集、未佩戴口罩的人民群众进行督导。高效率执勤,同时避免执勤人员与人民群众接触,降低疫情传播的概率。

➢ **物资投递**

在抗疫期间,利用无人机为执勤人员或者管控区域的居民进行物资的投递。在满足区域管控的要求下,将紧急物资传递到位,最大限度地避免人员之间的接触。

(三)应用案例

2020 年年初,新冠肺炎的防疫工作处于紧张进行中,相比十余年前,新技术带来的防疫新手段开始发挥作用,无人机便是其中的代表。

此时,广东省深圳市启用无人机对龙岗区宝龙工业园进行消杀。面积达到了 60 万 m^2 的工业园区由大疆农业无人机完成喷洒消毒作业(图 11-6),使用的是 1:29 的 84 消毒剂,对公共区域的作业耗时 2 个 h。

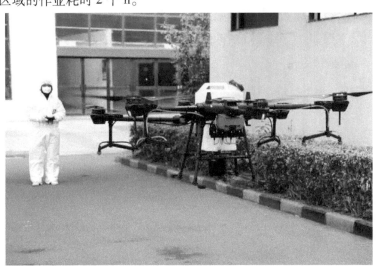

图 11-6 工作人员操作植保无人机开展消杀工作

疫情期间,上海市江苏路街道华山居社区就用上了无人机为辖区公共区域消毒,15 min 的作业时间即可完成平日里 4~5 人连续数小时的工作量,不仅提升了效率,也大大保障了作业的安全性。截至 2020 年 2 月 3 日,大疆植保无人机消杀面积超过 2 亿 m^2,3 000 多个行政村,作业时长超过 4 000 h。

除了带药剂进行喷洒消毒外,无人机的高空侦察、喊话功能也被一些地方公安活用了起来。2020 年 2 月,在温度依然很低的哈尔滨,高速公路上的防疫检查站要引导、检查大量进出车辆,效率十分重要。哈尔滨市公安局平房分局一线警务人员,使用了经纬 M210 无人机开展防控工作,借助无人机所搭载的高功率喊话器,警务人员可对长达百米的车流进行喊话引导,大大提升了医务人员疫情检查速度。

除了哈尔滨之外,这年年初,江苏省泰州市公安也在使用搭载了喊话器的小型行业无人机,对十字路口未正确佩戴口罩的行人予以劝导教育(图 11-7)。

图 11-7　公安人员使用小型无人机对未佩戴口罩的行人喊话

第三节　无人机在智慧旅游领域的应用

(一)需求分析

智慧旅游是旅游业发展到现阶段出现的一种旅游新形态,是旅游业与科技创新融合发展的典范,是旅游业未来发展的趋势。

目前制约我国旅游发展的因素较多,主要体现在旅游发展不成体系、实用性差、信息化建设滞后于旅游业的整体发展需求。同时存在重硬件轻软件、旅游信息资源零散且共享性差,旅游信息资源开发程度和服务质量较低,旅游信息技术人才短缺等问题。

(二) 解决方案

利用目前最先进的无人机倾斜摄影拍摄技术,生成景区超高精度倾斜摄影模型,结合顶尖的模型应用技术,全面展现景区信息(图 11-8),多终端浏览景区信息使得智慧旅游在信息化和科技化的基础上更加真实。

平台支持景区的放大或缩小,自由视角,任意角度漫游浏览,模型渲染效率极高,浏览过程十分顺畅,让用户在前往实地游玩之前能够对景区的情况了如指掌,并且可以根据模型中的景点分布、道路规划进行游玩路线设计,游客可以完全自主地规划路线,提高游玩效率,在尽量少花费精力的情况下,能够游玩到景区的各个重点景点。

图 11-8　无人机提供古镇远景浏览图

第四节　无人机在文物发掘、施工进度
管理领域的应用

(一) 需求分析

经济建设发展与文化遗产保护之间的紧张关系到处存在,既不能以牺牲珍贵文物为代价,换取旅游业的发展,也不能因为保护文件而拒游客于门外。为此,重申"中国原则",即以"实现人类文明延续和可持续发展的必然要求"为准则,利用考古发掘的丰富信息,联系古自然环境变化和人文影响、物质传播的大背景,可能有助于开豁诠释、论证古代文明和古文化的新思路。破解中原许多古城遗址之谜,也需要从重建、虚拟古环境着手。古建筑的修复或重建,既要遵循"修旧如旧"的原则,也要考虑适应现代环境

与生态功能,适度采用现代新工艺和新材料。在考古发掘、文化遗产保护工作中,运用无人机环境遥感监测技术,可以促进文化遗产保护与开发的能力与现代化的建设。

(二)解决方案

考古遗址发掘过程中所产生的各类遗迹、遗物信息,是考古学研究的重要基础,但是在发掘过程中很多重要信息丢失是不可避免的。无人机三维数字化技术能够真实记录考古发掘现场,再现考古发掘前后的遗址原貌。因此,利用无人机三维数字化技术记录发掘现场原始三维信息和纹理,建立真三维数字模型是保护大型遗址的重要措施。

我国的文物挖掘和文物保护工作经历百余年的发展,取得了丰硕的成果,积累了极为丰富的技术经验与资料,为了适应考古工作的需求,应充分推动现代测绘技术、倾斜摄影系统技术(图11-9)、高清晰激光扫描系统技术(图11-10)、三维地理信息系统技术、数据库技术和网络技术等新技术在文物挖掘和文物保护中的综合运用。

图11-9　无人机提供三维倾斜模型

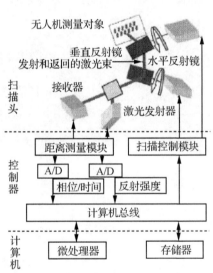

图11-10　无人机提供激光扫描系统技术

附录一
《民用无人机空中交通管理办法 2016》与空域申请

民用无人机空中交通管理办法

为了加强对民用无人机飞行活动的管理,规范其空中交通管理的办法,保证民用航空活动的安全,现将有关民用无人机空中交通管理的有关问题规定如下:

一、民用无人机应当依法从事工业、农业、林业、渔业、矿业、建筑业的作业飞行和医疗卫生、抢险救灾、气象探测、海洋检测、科学实验、遥感测绘、教育训练、文化体育、旅游观光等方面的飞行活动。

二、民用无人机活动及其空中交通管理应当遵守相关法规和规定,其中包括《中华人民共和国民用航空法》《中华人民共和国飞行基本规则》《通用航空飞行管制条例》及民航局规章等。

三、组织实施民用无人机活动的单位和个人应当按照《通用航空飞行管制条例》等规定申请划设和使用空域,接受飞行活动管理和空中交通服务,保证飞行安全。

四、为了避免对运输航空飞行安全的影响,未经地区管理局批准,禁止在民用运输机场飞行空域内从事无人机飞行活动。申请划设民航无人机临时飞行空域时,应当避免与其他载人民用航空器在同一空域内飞行。

五、由于无人机飞行过程中无执行任务机长,为了保证飞行安全,由无人机操控人员承担规定的机长权利和责任,并应当在飞行计划申请时明确无人机操控人员。

六、组织实施民用无人机活动的单位或者个人应当具备监控或者掌握其无人机飞行动态的手段,同时在飞行活动过程中与相关管制单位建立可靠的通信联系,及时通报情况,接受空中交通管制。发生无人机飞行活动不正常情况,并且可能影响飞行安全和公共安全时,组织实施民用无人机活动的单位或者个人应当立刻向相关管制单位报告。

七、在临时飞行空域内进行民用无人机飞行活动,由从事民用无人机飞行活动的单位、个人负责组织实施,并对其安全负责。

八、民航空管单位应当按照有关法规和本规定的要求对民用无人机飞行活动进行空中交通管理。不得在一个划定为无人机活动的空域内同时为民用无人机和载人航空器提供空中交通服务。

九、民用航空器机组人员发现无人机飞行活动应当及时向相关空中交通管制部门报告。空中交通管制单位发现区域内有无人机活动或者收到相关报告,应当向所管制的航空器通报无人机活动情报,必要时提出避让建议,并按要求向相关管制单位、空管运行管理单位和所在地的民航监管局通报。

十、民用无人机活动中使用无线电频率、无线电设备应当遵守国家无线电管理法规和规定,且不得对航空无线电频率造成有害干扰。民用无人机遥控系统不得使用航空无线电频率。在民用无人机上设置无线电设备,使用航空无线电频率的,应当向民用航空局无线电管理委员会办公室提出申请。

十一、未经批准,不得在民用无人机上发射语音广播通信信号。

十二、使用民用无人机应当遵守国家有关部门发布的无线电管制命令。

空域申请

面对无人机市场乱象丛生的景象,依据《中华人民共和国飞行基本规则》的规定,主要由空军负责全国的飞行管制。相关部门根据市场现状提出了无人机飞行必须遵守的三个条件,即无人机驾驶证、空域申请和提交飞行计划。

严格来说,合法的飞行分为2种:

取得民航局批准认可的云系统无人机驾驶证 + 获得飞行空域的审批。

未取得民航局批准认可的云系统无人机驾驶证,但驾驶小型化无人机在可视范围内飞行 + 获得飞行空域的审批。

1. 审批所需材料

公司营业执照、航空适航资质、人员执照、任务委托书和任务申请书。外国航空器或外国人使用我国航空器,需有原总参谋部批准文件。

航空摄影、遥感、物探,需大军区以上机关批准文件;体育类飞行器,需地市级以上体育部门许可证明。

大型群众性、空中广告宣传活动,需当地公安机关许可证明;无人机驾驶系留气球,需地市级以上气象部门许可证明。

2. 任务申请书的内容

飞行单位、航空器型号(性能参数)、架次、航空器注册地、呼号、机长(飞行员)、机组人员国籍、主要登机人员名单、任务性质、作业时间、作业范围、起降机场、空域进出点、预计飞行开始和结束时间、机载监视设备类型、联系人、联系方式等。

3. 审批流程：

```
┌─────────────────────────────────────────────────────┐
│              获得飞行任务及任务委托                      │
└─────────────────────────────────────────────────────┘
                        ↓
┌─────────────────────────────────────────────────────┐
│  提前7天携带相关文件材料在飞行实施地所在部队司令部办理    │
│                     审批手续                           │
└─────────────────────────────────────────────────────┘
                        ↓
┌─────────────────────────────────────────────────────┐
│  携带相应文件材料在民航（所在地）监管局运输处、空管处办理  │
│                     相关手续                           │
└─────────────────────────────────────────────────────┘
                        ↓
┌─────────────────────────────────────────────────────┐
│  携带获批复印件及相应的文件材料在民航（所在地）空管分局    │
│                管制运行部办理相关手续                    │
└─────────────────────────────────────────────────────┘
                        ↓
┌─────────────────────────────────────────────────────┐
│  与民航（所在地）空管分局鉴定飞行管制保障协议（或召开飞行  │
│                     协调会）                           │
└─────────────────────────────────────────────────────┘
                        ↓
┌─────────────────────────────────────────────────────┐
│  实施日前一天15时前向当地空管部门提交飞行计划，如果不在机场 │
│  管制范围内，可直接向民航（所在地）空管分局管制运行部区域   │
│        管制提交，在飞行实施前1h提出申请                  │
└─────────────────────────────────────────────────────┘
                        ↓
┌─────────────────────────────────────────────────────┐
│  区域管制室向飞行实施地所在部队司令部航空管制中心提交      │
│                     飞行申请                           │
└─────────────────────────────────────────────────────┘
                        ↓
┌─────────────────────────────────────────────────────┐
│  飞行实施地所在部队司令部航空管制中心给予调配意见         │
└─────────────────────────────────────────────────────┘
```

附录二
无人机实名登记

　　凡起飞重量250 g以上（含250 g）的无人机使用单位、组织和个人，必须按照《民用无人驾驶航空器实名制登记管理规定》的要求进行实名登记。现有存量无人机及新购无人机应当按规定及时实名登记。

　　苏州民用无人机实名登记系统：

　　可扫描二维码（图附2-1），关注苏州本地宝微信公众号（suzhoubdb）：

　　回复"无人机"，即可进入无人机实名登记系统微信端入口（图附2-2）。

图附2-1　苏州民用无人机实名登记　　　　　　图附2-2　无人机实名登记系统
　　　　　　系统本地宝二维码

附录三
多旋翼无人机水利巡检指导细则

（一）范围

本指导细则对多旋翼无人机巡检作业前、作业中和作业后的主要内容、维护工作的流程做出了原则性说明,指导工作的实施对象为现有的多旋翼无人机型号和任务载荷设备。

（二）河道管理多旋翼无人机巡检作业原则

无人机巡检作业遵循以下原则:

1. 无人机开机前"检查"

检查无人机及遥控器,桨叶是否旋紧、电池是否安装到位、云台保护扣是否卸下、相机 SD 卡是否插入、遥控各操纵杆是否恢复默认及各结构连接点是否有松动。

2. 无人机起飞前"确认"

（1）确认无人机各项数据及功能正常,包括无人机及遥控器电量、GPS 卫星数目、图传及拍照测试、指南针校对等。

（2）确认起飞地点周围环境、飞行路线规划、降落地点等是否符合最低飞行要求。

3. 无人机飞行过程"监控"

（1）飞手在飞行过程中注意监控飞机电量、图传及遥控信号强度、飞行数据（高度、距离、提升及平移速度）等。

（2）观察员注意监控飞手周围环境、留意路边车辆及围观群众等。

（3）飞手、观察员需同时监控飞机姿态,判断离带电设备距离及附近的干扰源。

4. 无人机巡检"遵守"

（1）遵守无人机在视距内飞行。

（2）遵守无人机飞行速度应≤9 m/s。

（3）遵守无人机与水面保持 50 m 以上的安全距离。

5. 无人机巡检"禁止"

（1）飞行过程需平缓稳定，在基本功未成熟时，严禁做复杂飞行动作，尤其严禁接近人。

（2）跨越河道沿线的高压导线及杆塔、移动端通信信号基站等时，必须从上方通过，禁止从线底通过或穿越相间导线通过。

（3）在市区河道上方飞行，禁止高速靠近马路、农贸市场和居民区。

（4）禁止在雨天、打雷、5级以上大风的天气环境下飞行。

（5）飞行结束后，禁止立即将该电池放入飞机箱内。

（6）禁止强行关闭GPS在禁区飞行，禁止铁路、高铁、高速公路上方长时间飞行。

6. 无人机巡检"不飞"

（1）飞手、观察员精神状态不好不飞。

（2）存在安全隐患或没有做好充分准备的飞行器不飞。

（3）在人口稠密的上空不飞。

（4）军事、边境等敏感地区不飞。

（5）明确禁止飞行的场所不飞。

（三）河道管理多旋翼无人机巡检飞行前检查指导

1. 作业环境要求

（1）起飞、降落点应选取面积不小于2 m×2 m地势较为平坦且无影响降落的植被覆盖的地面，如现场起飞、降落点达不到要求，应自备一张停机坪以供起飞、降落。

（2）用温湿度计测量，作业相对湿度应≤95%。

（3）用风速仪测量，现场风速应≤7.9 m/s；精细巡视及问题点查找，建议现场风速≤5 m/s（距地面2 m高，瞬时风速）。

（4）遇雷雨天气不得进行作业。

（5）作业环境云下能见度不小于3 km。

（6）作业前应落实被巡河道沿线有无爆破、射击、打靶、飞行物、烟雾、火焰、无线电干扰等影响飞行安全的因素，并采取停飞或避让等应对措施。

（7）精细巡视及问题点查找，应保证作业点在视距内，并无遮挡。

2. 无人机检查

外观检查

（1）无人机表面无划痕，喷漆和涂覆应均匀；产品无针孔、凹陷、擦伤、畸变等损坏情况；金属件无损伤、裂痕和锈蚀；部件、插件连接紧固，标识清晰。

（2）检查云台锁扣是否已取下。

（3）使用专用工具检查旋翼连接牢固无松动，旋翼连接扣必须扣牢。

（4）检查电池外壳是否有损坏及变形，电量是否充裕，电池是否安装到位。

（5）检查显示器、电量是否充裕。

（6）检查遥控器电量是否充裕，各摇杆位置应正确，避免启动后无人机执行错误指令。

功能检查

（1）启动电源。

（2）查看飞机自检指示灯是否正常，观察自检声音是否正常。

（3）须检查显示器与遥控器设备连接，确保连接正常。

（4）无人机校准后，确保显示器所指的机头方向与飞机方向一致。

（5）操作拍摄设备是否在可控制范围内活动，拍摄一张相片检查 SD 卡是否正常。

（6）显示屏显示 GPS 卫星不得少于 6 颗才能起飞。

（7）检查图传信号、控制信号是否处于满格状态，并无相关警告提示。

（8）将飞机解锁，此时旋翼以相对低速旋转，观察是否存在电机异常、机身振动异常；如有异常，应立即关闭无人机，并将无人机送回管理班组进行进一步检查。

（四）河道管理多旋翼无人机巡检飞行作业指导

1. 巡检方式

多旋翼无人机巡检作为人工巡检的辅助工具，主要适用于以下几种情况：

（1）正常巡视。按照多旋翼巡检计划对河道管理本体、附属设施、河道通道等进行的常规巡检作业。

（2）特殊巡视。特殊巡视分为问题巡视和灾情巡视两种。问题巡视是指河道管理单位为查明河道问题点，问题原因及问题情况等所组织的河道巡检作业；灾情巡视是指当发生地震、泥石流、山火、严重覆冰等自然灾害后，根据需要派出无人机对受灾地区进行灾情调查拍摄和录像取证，搜集河闸设施受损及环境变化情况的作业。

2. 巡检内容

多旋翼无人机巡检可采用可见光相机、可见光摄像机对河道管理本体、附属设施、通道及河湖保护区这三大部分进行巡检。

表附 3-1 河道(湖面)管理多旋翼无人机巡检内容一览表

巡检对象		检查河道本体、水利设施及河湖保护区有无以下问题、变化或情况	巡检手段
河道(湖面)(本体)	河道(湖面)清洁情况	有无垃圾漂浮物	可见光
	河道(湖面)清洁情况	有无绿萍水草、蓝藻、水葫芦等水生植物	
	河道(湖面)清洁情况	有无树叶、杂树枝、枯草等	
	河岸(湖面)情况	水体颜色是否浑浊及有无其他异常	
	河岸(湖面)情况	有无水体侵占	
	河岸(湖面)情况	有无废弃船只	
	河道(湖面)通畅情况	有无河道填埋	
	河道(湖面)通畅情况	有无淤塞	
	河道(湖面)通畅情况	有无围网养殖	
	河道(湖面)通畅情况	有无围堰坝梗	
	黑臭河排查	河道水质情况如何(变色、浑浊、发黑等)	
河湖红线以内保护区(周边)	建(构)筑物	有无违章建筑、大棚房、硬化地面等	
	围垦	河岸线、湖岸线有无大面积围垦等	
	施工作业	河道下方或附近有无危及河道安全的施工作业等	
	易燃、易爆物排查	河道附近有无易燃、易爆物堆积等	
	水利设施	防洪、排水、闸站等水利基础设施是否完好	
	自然灾害	有无地震、山洪、泥石流、山体滑坡等引起的河湖环境变化	
	道路、桥梁	跨河、跨湖管道、桥梁等是否完好	
	岸线完整性	岸堤有无坍塌、损坏,围栏状况有无大面积坍塌、淤堵、破损等	

巡检对象		检查河道本体、水利设施及河湖保护区有无以下问题、变化或情况	巡检手段
其他	侵占行为	有无侵占河道、围垦湖泊情况(涉河违章建筑等)	可见光
	排污	有无超标排污情况(污水口偷排等)	
	工程建设	涉河建设工程(影像资料与许可方案对比)是否完备	
	违法行为	有无非法采沙、破坏航道、电毒炸鱼等行为	
	宣传展示	河长公示牌情况(有无安装、有无偷盗等)是否完备	

3. 巡检方法及要点

(1)正常巡视。正常巡视分为快速巡视和精细巡视两种类型。快速巡视是指主要巡视河道水体、河岸线整治及红线以内的情况。拍摄要求包括:第一,将飞行器升至最高建筑、线缆等遮挡物以上,摄像头往下调整,河道位于画面中央,拍摄河道45°斜视图(需漏出天际线),开始录像;第二,拍摄过程中如发现问题,飞机暂停前进,原位调整摄像头角度,拉伸镜头抵近观察情况,至少拍摄一张相片。精细巡视是指无人机飞行器利用高倍变焦云台相机对河道细部检查的作业。适用于在首次开展无人机巡视的河道、存在黑臭水体或违章建筑的河道及按照周期需要开展精细化巡视的河道。拍摄要求包括30倍变焦云台相机,无人机高度不能低于200 m;10倍变焦云台相机,无人机高度不能低于150 m。

无人机需到达河道上空,距离水面80 m以上,至少包含河岸两侧35 m以内的拍摄影像。无人机悬停后,通过操控变焦相机对河岸线进行巡查,查找问题点。

对于无人机飞行高度超过120 m还不能覆盖河岸两侧35 m的河道,岸线两边各自拍摄。无人机悬停后,通过操控变焦相机对河岸线进行巡查,查找问题点。

(2)特殊巡视。特殊巡视包括问题巡视和灾情巡视。问题巡视是当河道发生问题或缺陷后,根据需要派出无人机对可能发生问题或缺陷的河道区段和部位进行精细检查、查找的作业。拍摄要求:无人机飞抵问题点上空,拍摄正射影像和细部问题点照片,各个角度不少于3张,正射范围扩展问题点区域30%的面积。灾情巡视是当发生地震、泥石流、山火、严重覆冰等自然灾害后,根据需要派出无人机对受灾地区进行灾情调查拍摄和录像取证,搜集河闸、河岸线设施受损及环境变化情况的作业。

拍摄要求:

① 飞行器升上高空后,进行视频拍摄模式,缓慢水平旋转360°拍摄灾害周边情况,方便后续取证及抢险工作等开展进行;

② 利用实时拼接技术,对灾害区域进行正射影像拍摄,形成实时的测绘影像,并向指挥中心传输;

③ 无人机对发生河岸线坍塌、河坝溃堤、河道堵塞形成堰塞湖等重大问题,采用五镜头无人机航拍,形成三维影像。

4. 资料整理、移交和储存

巡视产生的所有资料必须进行存储备份,以便进行资料查询和数据分析。原始数据保存期为1年,处理后的数据保存3个月以上。

所属巡检组根据无人机河湖作业发现的疑似缺陷进行核实并消缺。

5. 无人机河道管理作业安全注意事项

(1)飞行前后。

起飞前先启动遥控器,再启动飞行器。降落后先关闭飞行器,再关闭遥控器。严禁以上顺序逆转进行。

起飞前必须保证飞行器与飞手保持至少5m的距离,飞手操作过程中严禁人群站立在飞手两肩平行线前方。

在飞行过程中,切勿停止电机,否则飞行器将会坠毁,除非发生特殊情况(如飞行器可能撞上人群),必须紧急停止电机以最大限度减少伤害。

(2)指南针校准。

指南针校准非常重要,其校准结果直接影响飞行安全。若未校准可能导致飞行器工作异常,指南针错误时无法执行返航功能。

请勿在有铁磁性物质的区域校准,如大块金属、磁矿、停车场、桥洞、带有地下钢筋的建筑区域等。

校准时切勿随身携带铁磁物质,如钥匙、手机等。

如果校准后机尾LED指示灯显示红色常亮,则表示校准失败。请重新校准指南针。

校准成功后放在地面上,出现指南针异常,很有可能是因为地面上有钢筋,届时飞手将飞行器更换位置查看异常是否清除。

遇到以下情况,请进行指南针校准:

① 指南针读数异常并且飞行器状态指示灯红黄交替闪烁;

② 在新的飞行场所飞行;

③ 飞行器的结构有更改,比如指南针的安装位置有更改;

④ 飞行器飞行时严重漂移。

（3）作业过程。

巡视作业时，若需要跨越电力杆（塔）检查，必须将无人机升高。从杆（塔）上侧通过后下降进行作业。严禁采用直接从底相、相间、跳线间空隙通过等危及无人机安全的行为。

严禁无人机在高铁、变电站上空穿越。无人机严禁穿越树木茂密的河道低空。

当无人机悬停巡视时，应顶风悬停；若对无人机姿态进行调整时，观察员要提醒无人机驾驶员注意河道周围的障碍物。

巡视作业时，无人机驾驶员必须始终能看到作业河道，并清楚河道的走向，无人机与水面距离严禁小于 10 m。

如遭遇危险情况，飞行人员应冷静并服从观察员的指挥。

6. 无人机维护及保养指导

（1）无人机维护。

每次飞行结束都要按清单清点设备、材料和工具，及时把 SD 卡内的相片及视频移进电脑，避免积压占用过多的内存造成下次使用带来不便。每次飞行结束后及时检查飞行器完好情况，比如螺旋桨、护架等的情况，发现有缺陷的要及时更换修复，如果不能修复的应暂停使用此飞行器，避免造成对飞行器的继续损坏，必须待修复好无问题后方可继续飞行。

（2）无人机保养。

及时清理油污、碎屑，保持各部位清洁，视需要加注润滑油。

长期贮存时，对整机使用机衣进行防尘，轴承和滑动区域喷洒专用保养油进行防腐蚀和霉菌。

定期保养包含但不限于以下内容：

① 保持机身外观完整无损；

② 保持机身框架完好无裂纹；

③ 保持橡胶件状态良好；

④ 保持紧固件、连接件稳定可靠。

日常保养包含但不限于以下内容：

① 保持任务载荷设备清洁；

② 保持数据存储空间充足；

③ 合理装卸，妥善贮存，避免碰撞损坏。

（3）无人机电池保养。

① 每次飞行结束后及时检查电池电量及使用情况，并及时对使用过的电池进行充

电,做好充电记录;

②每次飞行结束后应及时把飞行器的电池拔出,并把电池放在阴凉通风处,使电池在使用后的热量得到充分释放,不能把使用后的电池立即放在密闭保温的箱体等环境,避免发生火灾。

(4)无人机电池使用注意事项。

①充电前应检查电池是否完好,如果有损坏或变形现象,则禁止充电;

②充电前核对充电器是否为电池的指定充电器;

③环境温度低于0 ℃或高于40 ℃时,不应对电池进行充电;

④充电区内不应堆放有其他杂物,充电区附近应放置灭火器(比如干粉灭火器、沙等用于电方面引起火灾的灭火措施);

⑤禁止同一充电器连续向多块电池充电,如果需要连续充电时,则应将充电器关闭15 min后,才能给下一块电池充电;

⑥充电完成后,应将充电器电源关闭;

⑦再次检查电池是否完好,将电池放在指定的位置,并在电池充电记录表上填写充电完成时间。

(5)无人机维护保养周期。

从设备类的维护保养通用要求考虑,将维护保养工作分为定期维护和日常保养。

定期维护方面,无人机平台主要是依据发动机的维护保养要求,需综合考虑航时或使用年限提出维护保养周期要求,以两者先到时间为准,作为维护保养周期。

日常保养由使用单位根据设备的使用频率及工作状态自行确定,在此不再具体要求。

附录四
倾斜摄影测量与三维数据制作技术

倾斜摄影是近年来航测领域逐渐发展起来的新技术,相对于传统航测采集的垂直摄影数据,通过新增多个不同角度镜头,获取具有一定倾斜角度的倾斜影像。

应用倾斜摄影技术,可同时获得同一位置多个不同角度的、具有高分辨率的影像,采集丰富的地物侧面纹理及位置信息。基于详尽的航测数据,进行影像预处理、区域联合平差、多视影响匹配等一系列操作,批量建立高质量、高精度的三维 GIS 模型。

倾斜摄影的五相机方案中(图附 4-1),1 台获取垂直影像,另外 4 台从前后左右 4 个方向同时获取地物的侧视影像。相机倾斜角度在 40°～60°之间,因此,可以较为完整地获取地物侧面的轮廓和纹理信息。

倾斜摄影系统可以搭载在有人飞机或者无人机上,可以快速获取地物三维模型且成像效果好,是大场景三维建模的重要选择之一。

图附 4-1　中飞遥感自主研发的五相机与 M600 无人机搭配

倾斜摄影的优势:

1. 反映地物真实情况并且能对地物进行测量

倾斜摄影测量所获得三维数据可真实地反映地物的外观、位置、高度等属性,增强三维数据所带来的真实感,弥补传统人工模型仿真度低的缺点。

2. 高性价比

倾斜摄影测量数据是带有空间位置信息的可量测的影像数据,能同时输出 DSM、DOM、DLG 等数据成果。可在满足传统航空摄影测量的同时获得更多的数据。同时使用无人机倾斜影像批量提取及贴纹理的方式,能够有效地降低城市三维建模成本。

3. 高效率

倾斜摄影测量技术借助无人机等飞行载体可以快速采集影像数据,实现全自动化的三维建模。实验数据证明:1～2 年的中小城市人工建模工作,借助倾斜摄影测量技术只需 3～5 个月就可完成。

倾斜摄影自动化建模具备"三高一低"(高效率、高精度、高真实感、低成本)的优势,极大改变了测绘地理信息在多个行业的应用,构筑出广阔的应用新模式。

(一)三维主要技术指标和要求

1. 数学基础

(1)平面坐标系统。

本项目拟采用 CGCS2000 国家大地坐标,地图投影采用高斯-克吕格投影,成果按 3 度分带,平面坐标单位采用"米"。

(2)高程系统。

高程基准采用 1985 国家高程基准,高程系统为正常高,高程值单位为"米"。

2. 倾斜航空摄影技术指标和要求

(1)航摄设备要求。

① 不少于五镜头倾斜数码航摄仪,每个镜头不低于 2 000 万像素;

② 带有高精度 IMU(Inertial Measurement Unit,惯性测量单元)/GPS 系统;

③ 采用单镜头拍摄多个角度的航拍照片模拟五镜头拍摄,镜头不低于 2 000 万像素。

(2)航摄季节和航摄时间的选择。

选择航摄季节和航摄时间应遵循的原则:

① 航摄季节应选择摄区最有利的气象条件;

② 选择航摄时间,既要确保具有足够的光照度,又要避免过大的阴影。一般根据摄区的太阳高度角和阴影倍数确定(表附4-1)。

表附 4-1 无人机航摄的太阳高度角和阴影倍数

地形类别	太阳高度角/°	阴影倍数/倍
平地	>20	<3.0
丘陵地和一般城镇	>25	<2.1
山地和大、中城市	≥40	≤1.2

由于太阳高度角计算特别复杂,一般我们都是通过阴影倍数来选择航摄时间。本项目为倾斜摄影测量,地面分辨率要求较高,航摄地区又都在城区,为避免高大建筑物的阴影过长,影响三维模型数据的美观度,我们会选择阴影倍数≤1.2 的时间段进行无人机航空摄影。

(3)航摄质量

① 覆盖保证。

为保证无人机摄区边界区域三维模型数据的完整性,在无人机航线旁向方向摄区边界范围外增加三条航线,以保证左视和右视镜头影像均覆盖全摄区范围;在航线航向方向摄区边界范围外,每条航线延长飞行高度的80%距离,以保证前视和后视镜头影像均覆盖全摄区范围。

② 相片重叠度。

采用大重叠设计方案,无人机影像的航向重叠度设计值为80%,航摄最低不低于70%;影像的旁向重叠度设计值为70%,航摄最低不低于65%。

③ 相片倾斜角。

无人机垂直影像倾斜角一般不应大于3°,最大不应大于6°。

④ 相片旋偏角。

无人机垂直影像倾斜角一般不应大于25°,在确保相片航向和旁向重叠度满足要求的前提下最大不应大于35°。

⑤ 航线弯曲度。

无人机航线弯曲度一般不大于1%,当航线长度小于5 000 m 时,航线弯曲度最大不大于3%。

⑥ 航高保持。

同一无人机航线上相邻相片的航高差一般不应大于30 m;最大航高与最小航高之差一般不应大于50 m。实际航高与设计航高之差不应大于50 m。

⑦ 补摄与重摄。

a. 航摄中出现的相对漏洞和绝对漏洞均应及时补摄;

b. 应采用前一次无人机航摄飞行的航摄仪补摄;

c. 漏洞补摄应按原设计要求进行;

d. 补摄航线的两端应超出漏洞之外一条基线。

（4）影像质量

① 为确保无人机三维建模精度,应特别注重影像质量。

② 无人机影像质量要求影像清晰,反差适中,颜色饱和,色彩鲜明,色调一致。有较丰富的层次,能辨别与地面分辨率相适应的细小地物影像,满足三维数据制作实际需求。

（5）IMU/GPS 解算精度指标

IMU/GPS 数据联合解算偏差限值(表附 4-2)。

表附 4-2 IMU/GPS 数据联合解算偏差限值

成图比例尺	平面偏差限值/m	高程偏差限值/m	速度偏差限值/m/s
1:2 000	0.15	0.8	1

（二）倾斜模型生产

三维成果数据制作使用 Context Capture 软件,能提供城市三维制图高级解决方案。Context Capture 软件能有效支持行业应用专业人士、测绘公司,以及航摄像机制造厂商建立三维模型,从各种立体像对中提取精确的数据。

经 Context Capture 软件生成的实景三维成果可以与后续第三方软件结合应用,在实际数字城市建设中发挥独特的优势和作用,其编辑及相关应用的流程示意图如图附 4-2 所示。

图附 4-2 Context Capture 软件应用流程示意图

（1）Context Capture 软件可支持多种航摄像机拍摄的倾斜摄影图像的快速、全自动处理。主要技术特点如下:

① 可生成完全校正的框幅式影像,无变形,可用于像对测量,可导出至外部软件直

接使用;

② 带真实纹理的不规则三角网(Triangulated Irregular Network,TIN)可展现屋顶及里面的复杂细节,随时可集成至通用的软件包中。

Context Capture 软件可支持所有角度的测图量测,不仅局限于屋顶至屋底的测量;即使采用非测量相机拍摄的倾斜影像也可直接进行精准测量。Context Capture 软件具有多功能的 3D 浏览器,其中包含一个 3D 浏览器工具,该浏览器可兼容一切规范、操作系统,免费分发。该工具与第三方软件结合使用可实现 3D 测量、水位模拟、GIS 数据库集成等一系列功能。

Context Capture 软件具有快速处理的软硬件集成系统。包含处理软件及高端配置的并行 GPU 框架硬件,专用硬盘存储可保证快速数据读取及高效计算。另外,并行处理能力极大提高了计算机速度,减少了运行时间。同时还包含了大量的服务及支持包,比如有安装、生产及现场及时支持、软件维护、培训、支持及定制开发、定制处理服务等。

(2)基于 Context Capture 软件数据处理结果特点,利用 Context Capture 进行三维真实场景自动生成。采用该系统主要的技术特点如下:

① 自动化程度高:正射影像和倾斜影像全自动联合"空三";全自动为建筑物创建高密度的不规则三角网,并自动贴纹理。

② 区别于传统建模软件的三维数据成果。

(三) 三维倾斜摄影的成果展示

1. 农房立体三维

图附 4-3　农房立体三维图集(一)

图附4-4　农房立体三维图集（二）

图附4-5　农房立体三维图集（三）

图附4-6　农房立体三维图集（四）

2. 文物古建三维拍摄

图附 4-7　大雁塔（一）

图附 4-8　大雁塔（二）

图附 4-9　大雁塔（三）

图附 **4-10**　大雁塔(四)

3. 桥梁基建拍摄

图附 **4-11**　江阴大桥(一)

图附 **4-12**　江阴大桥(二)

图附 4-13　江阴大桥（三）

4. 山区风力发电规划三维拍摄

图附 4-14　山区风力发电规划三维图集（一）

图附 4-15　山区风力发电规划三维图集(二)

图附 4-16　山区风力发电规划三维图集(三)

图附 4-17　山区风力发电规划三维图集(四)

5. 危化品企业化工园区三维拍摄

图附 4-18　中海油（一）

图附 4-19　中海油（二）

图附 4-20　中海油（三）

图附 4-21　中海油(四)

附录五
无人机应用拓展思维导图

无人机应用拓展思维导图如图附5-1所示。

图附5-1　无人机应用拓展思维导图

参考文献

[1] 陈欣欣.基于低空遥感成像技术的油菜菌核病检测研究[D].杭州:浙江大学硕士学位论文,2017.

[2] 苏瑞东.无人机在现代农业中的应用综述[J].江苏农业科学,2019(21):75-79.

[3] 曹光乔,李亦白,南风,等.植保无人机飞控系统与航线规划研究进展分析[J].农业机械学报.2020(8):1-16.

[4] 朱伟.农业园区规划的理论方法与实践[J].工业建筑.2020(7):220.

[5] 田琳静,宋文龙,卢奕竹,等.基于深度学习的农业区土地利用无人机监测分类[J].中国水利水电科学研究院学报,2019(4):312-320.

[6] 闫静,张彩云,张永年,等.基于无人机遥感技术的港湾养殖区监测[J].厦门大学学报(自然科学版),2016(5):742-748.

[7] 姜海玲,杨胜杰,张秀华,等.秸秆焚烧遥感监测及空气污染防治对策[J].湖北农业科学,2017(20):3841-3844.

[8] 贾宏群.焚烧秸秆对环境质量的影响与防治[J].科技传播,2012(3):57,51.

[9] 郭心悦.基于图像处理的无人机秸秆焚烧监测系统的研究与设计[D].武汉:武汉理工大学硕士学位论文,2016.

[10] 魏亚松,舒适.浅析无人机在精准快速巡查秸秆禁烧工作中的作用[J].科技经济导刊,2019(10):47,63.

[11] 杨青山,范彬彬,魏显龙,等.无人机摄影测量技术在新疆矿山储量动态监测中的应用[J].测绘通报,2015(5):91-94.

[12] 张玉侠,兰鹏涛,金元春,等.无人机三维倾斜摄影技术在露天矿山监测中的实践与探索[J].测绘通报,2017(A1):114-116.

[13] 王昆,杨鹏,Hudson-EdwardsKaren,等.尾矿库溃坝灾害防控现状及发展[J].工程科学学报,2018(5):526-539.

［14］王昆,杨鹏,吕文生,等.无人机遥感在矿业领域应用现状及发展态势［J］.工程科学学报,2020(9):1085－1095.

［15］袁建飞.多种智能测量设备在水库水下地形测量中的联合应用［J］.测绘与空间地理信息,2020(7):188－190,194.

［16］陈款,张小可,涂峻伦.融合无人机与相机影像的三维建模方法在古建筑保护中的应用［J］.科技创新与应用,2020(26):30－32.